Free Your Mind

人生破局的
关键思维

李睿秋〔Lachel〕——— 著

开心智

中信出版集团 | 北京

图书在版编目（CIP）数据

打开心智 / 李睿秋著 .—北京：中信出版社，
2022.9（2025.7 重印）

ISBN 978-7-5217-4648-8

I. ①打 ... II. ①李 ... III. ①心理学—通俗读物
IV. ① B84-49

中国版本图书馆 CIP 数据核字（2022）第 145912 号

打开心智

著　　者：李睿秋
出版发行：中信出版集团股份有限公司
　　　　　（北京市朝阳区东三环北路 27 号嘉铭中心 邮编 100020）
承 印 者：嘉业印刷（天津）有限公司

开　　本：880mm×1230mm 1/32　　印　　张：10　　字　　数：190 千字
版　　次：2022 年 9 月第 1 版　　印　　次：2025 年 7 月第 18 次印刷
书　　号：ISBN 978–7–5217–4648–8
定　　价：59.00 元

| 目录 |

打开心智

打开心智，重塑自我

你好，我是睿秋，谢谢你打开这本书。

这本书写的，是我在这几年里关于大脑、心智和成长的思考。你可以把它当成一本心智漫游指南，也可以当成一本成长实践手册。

在这几年的写作和思考中，我发现，许多人都想改变身上那些不够好的地方，比如经常焦虑、容易冲动、缺乏耐性、习惯拖延……但很少人能够意识到：要解决这些问题，最关键的不是去做什么，而是如何重新调整和塑造自己的心智。

心智是什么？如果说大脑是我们思考的硬件，那么心智就是思考的软件。它会把成长过程中所接收的一切信息、所做出的应对和获得的反馈整合起来，提炼出一系列信念和规律，构建起一套关于外部世界如何运转的认知框架。我们一切行为和外在表现，只是作为"人"这个复杂的系统的表象，它们背后，其实是心智中的这些认知框架在起作用。

简单来说，心智既是我们对外部世界的认知和表征，也是我们一切思维模式的集合。它决定了人理解外界信息的方式，也决定了人按照什么样的信念和原则去行事。

因此，只有深入探索心智，理解行为背后究竟有哪些认知框架在支撑，并依托有效的原理，有针对性地去调整它们，我们才有可能真正改变自己的行为。

很多人经常问我：自己特别情绪化，很容易因为一点事情就想太多，沉溺在焦虑和内耗里，怎么办？

其实，重点不在于"怎么办"，而在于你能否理解这些现象背后的根源。

情绪化是一种偶然的现象吗？不是的，它是一整套心智模式所表现出来的特征。这种心智模式，可能是对稳定和可控的渴望，可能是对威胁的过度敏感，可能是对不确定性的排斥……如果不去改变自己的心智模式，只是强行去改变行为，那一定是难以持续和奏效的。因为它相当于要和心智的惯性做斗争，会天然地被大脑排斥，让我们生活在痛苦之中。

我一直说，不要跟大脑对抗，而是要理解它，接纳它，再去引导它，原因也正在于此。许多读者也给了我同样的反馈。他们告诉我：你的文章带给我们的帮助，不仅仅在于方法和建议，更在于对原理和心智模式的剖析。一方面，一旦理解了许多行为和表现的内在原理和逻辑，明白它们都是有迹可循的，就会更容易接纳自己，发现"原来自己并没有那么糟"，从而能够更从容地寻求成长。

另一方面，对心智模式的剖析，可以把许多以往模模糊糊感觉到、但无法表达出来的想法系统化，把许多知其然而不知其所以然的方法串起来，形成一张网。让自己更加透彻地看到一切表象的来龙去脉和内在逻辑，更有效地做出行动。

这也是我写作这本书的初衷：通过这本书，我希望带你一起进行一场心智的旅行，探索我们的心智世界，更深入地理解它、引导它、改变它，从而实现更有效的成长。

我与心理学结缘，主要原因是，我是一个喜欢刨根问底的人。我发现，生活和工作中的许多问题，其实归根结底都与心理学密切相关。能否更透彻地理解大脑和心智，决定了你如何看待外部世界，也决定了你理解问题、解决问题的方式。

因此，我开始大量阅读心理学相关的教材、专著和论文，从认知心理学、社会心理学、认知科学，再到神经科学。我试图把生活和工作中的许多总结和思考，纳入一个更严谨、更科学的框架里面。2016年我开始运营自己的公众号"L先生说"，至今已经写了6年，数百篇文章，这些都是我学习、思考和实践总结的成果。

在这个过程中，最令我惊喜的，是结识一群志同道合的读者。毕竟，在这个略显浮躁的时代里，能够静下心来阅读几千字的长文，愿意一起深度思考、关注内心、探索心智背后种种底层规则和原理的人，也许并不是很多。

因此，我非常庆幸有机会写这本书。我希望它能成为一个契机，把更多志同道合的朋友连接起来，成为探索心智世界的同行者。

要说明的是，这本书不是我公众号文章的简单合集。我以公众号文章为素材，重新设计框架和逻辑，用半年多的时间重写了数万字，又新增了数万字的全新内容，使之成为一个更丰富、更系统的体系。希望它能对得起你的期待，也能作为我这几年思考的总结和精华。

第一章，我会先跟你阐述大脑最基础的四条运行原理，它们是支撑心智世界的四大支柱。后六章，我会分别从情绪管理、习惯养成、持续行动、高效学习、深度思考和生产创造六个角度，跟你一起探讨，如何构建更好的思维方式，得到有效的提升。

我希望，读完这本书，你能够获得三个层面的收获。

第一个层面：理解构成我们心智的各种原理和机制，明白种种现象背后的模式和逻辑；

第二个层面：理解日常生活中各种常见的、低效的误区，建立更有效的思维模式；

第三个层面：掌握一套行而有效的方法，能够运用它们来改变自己的生活和工作方式，更好地实现自己的目标。

要注意的是，这本书里所提供的方法，你不一定要全盘照搬，而是先充分理解原理和思维，再结合自己的实际情况进行调整，让它们更加适合自己。这才是更有效的做法。

我们可能无法预测未来，但可以决定如何应对挑战。我们可能无法掌控不确定的外部环境，但可以把握确定的内在世界。我们可能无法停留在熟悉和稳定的环境里，但可以从对变化的适应中，获得新的安全感。

此刻这本书即将付梓，我满怀谦卑、诚恳和敬意，把它献给你，献给每一位愿意共同成长的朋友。如果它能够得到你的一点认可，一分赞赏，一个颔首，能让你感受到"在这个世界上，原来还有跟我一样的人"——我就心满意足了。

谢谢你，我素昧平生的朋友。

关于本书的答疑通道

在我动笔写这本书之前，其实有一个很大的顾虑，那就是自我怀疑。我总是觉得自己写得不够好、还可以更好。如果是文章，还可以增补、更新，或是索性写一篇新的；但一想到这本书要跟许多素昧平生的读者见面，如果有不够完善的地方，或是写完后又有更好的内容想加进去，也许就很难去弥补了。每念及此，我就倍感压力。

后来还是读者给我出了个主意：做一个答疑通道。买了书的读者有疑问，可以通过答疑通道交流；如果我有任何想增补、修改的，也可以通过答疑通道补充上去。这样就可以让这本书成为一棵不断成长的大树，不断跟外界交流，永远保持生命力。

我觉得这个建议很棒，因此，我在公众号里做了一个答疑通道，我会把一切补遗和更新放在里面。

如果你对本书有任何疑问或宝贵意见，敬请扫描下页二维码，进入公众号"L先生说"（无须关注），在"服务"或菜单栏中找到"书的答疑"，即可进入。

你也可以在里面给我留言，我会尽快回复。

同样，之后若有任何对本书内容更新和补遗，我都会第一时间更新到这里。

谢谢你的支持。

第一章

大脑的底层原理：
心智模式四大支柱

任何事物，如果能了解它的底层原理，也就能够更好地应用它，大脑也不例外。

在过去几年的写作中，我一直在探索一个问题：大脑和心智的基本原理是什么？它们遵循什么样的规律和法则？那些表现在外的现象和效应，能否归因到某几个最底层、最根本的原理上面？这也是我写这本书的初衷之一。在这本书的第一章，我想跟你分享我这几年思考的成果。

基于心理学、认知科学和神经科学这几十年的研究，我把大脑运行的底层原理总结归纳成四个原则，分别用四个小节来阐述，帮助你更好地理解我们的大脑，更好地引导它、使用它。

节能：为了不思考，人类什么都做得出来

节能：一切原理的根源

大脑最基本的原理，是节能。

什么是节能呢？我们知道，所有生命体都有一个最基本的本能，那就是活下去，并且繁衍——这是写在基因里面的机制。

而生命体的一切行动都需要消耗能量。因此，从进化的角度讲，想要更好地活下去，就需要对摄入和储存的能量做出更高效、更合理的管理。这就是驱动大脑不断进化的动力。

"脑"这一器官的前身出现在约6亿年前，在约5亿年前的寒武纪大爆发中得到了充分发展，出现了最早的"大脑"。在此之前，生命体只有最简单的刺激反射。在寒武纪时期的深海中，生物们开始了残酷的生存竞争。为了在竞争中存活下来，生命体的简单感官开始向着更复杂的方向进化。光探测细胞进化为眼睛，化学探测细胞进化为嗅

觉和味觉器官，以便能够更好地从周围环境中获取信息，了解食物和敌人的位置。

为了把这么多复杂的信息整合起来，原本的简单反射就不够用了。生命体需要一个能够整合来自不同感官的信息的器官，对外界刺激进行初步的判断后再处理，把能量用在最适宜、最有效的地方，这个器官就是大脑。

在这数亿年间，生物经过了许许多多次进化和跃迁，但其底层的"代码"是保持不变的。大脑之所以会不断进化、变得更加复杂，本质上就是为了更好地"趋利避害"，来维持更长久的生存。趋利，指的是学习和强化对生存有利的行为，比如获取食物、获得竞争优势。避害，指的则是尽量规避无意义的、不必要的能量消耗，以便节省更多的资源，来应对更复杂的外界刺激和威胁。

这种特性同样继承到了人类身上。所以，从底层来讲，我们每个人其实都是懒惰的。因为我们的大脑时时刻刻都在计算：如何用最少的资源支出，做最多的事情。用大白话来讲就是两个字：省力。

有一句话说：我们为了不思考，什么事情都做得出来。这句话其实是有道理的。因为对大脑来说，复杂的思考是一件非常低效的事情：在同样的时间内，消耗同样的资源，我们能做的事情减少了。这就意味着，我们对能量和资源的使用不够经济。

你可以把大脑想象成一个精打细算的管家，每一份资源的支出都恨不得拿回十倍的回报，能用一分力做的事情决不用两分，让它多一分支出比"杀"了它还难受。

那么，一个问题就相伴而生了。我们显然不可能对所有的事情都不去思考，都按照最小成本原则去行动，那么大脑是如何判断，什么事情需要尽可能省力，什么事情需要集中资源去处理呢？

答案是：通过预测。

试想，如果让你去处理一个新的问题，你会怎么入手？最简单的做法就是把它跟我们已知的问题联系起来，对比一下，看看它们有哪些共同点，哪些差异，从而大致预测它是什么样的，可以如何处理，对不对？

大脑就是这样做的。大脑仅占我们体重的2%，但它消耗的能量达到了我们全天耗能的20%。这些能量都用来完善我们的预测模型。每一分每一秒，大脑都在兢兢业业地接收着外界的信息，用这些信息在大脑内部构建起一个模型，并努力修补这个模型，使得它更加接近真实世界，更好地模拟真实世界。然后再基于这个建构出来的模型，对我们正在经历的场景进行预测，分析它是熟悉的还是陌生的，是重要的还是不重要的，需要节省资源还是集中资源。也就是说，我们的大脑本质上就是一个贝叶斯机器。因此，这个原理也被称为"贝叶斯大脑"。

我们的注意力是有限的

大脑"节能"的基本特性，会影响到我们生活中的哪些方面呢？最直接的，就是大脑对"注意力资源"的分配。

举个简单的例子。当你阅读这本书的时候，你所有的感官其实都在接收着外界的信息。除了你的眼睛看到这些文字之外，你的耳朵听到周围环境里若有若无的声音，你的鼻子嗅到沙发和桌子的味道，你的脚踩在地板上，感受着地板的温度，但为什么你完全意识不到这些信息，脑海中只有这本书呢？

原因很简单，大脑通过日复一日的信息输入所构建起来的模型告诉自己：这些环境信息是不重要的，它们不会变化，对我没有影响。因此，大脑把它们拦截在了意识之外，避免它们占据宝贵的注意力。从而腾出更多的认知资源，来供你阅读这本书。

认知心理学认为，大脑对一切行为的处理模式可以分为两种，分别是自动化加工和控制加工。自动化加工，指的是不需要占用注意力的、由大脑按照惯常路径去操纵的行为；控制加工，指的则是那些需要占据我们注意力的、有意识地思考如何操作的行为。可以说，大脑的一个基本功能，就是努力地把控制加工转变为自动化加工，以最大程度地节省资源。

比如当你刚开始学车的时候，你可能会手忙脚乱，可能会刻意去思考我现在该做什么，下一步该做什么。但当你已经开了几千公里的车，你还会手忙脚乱吗？不会了。开车这件事情已经成为你的一种本能，你不需要去思考，身体就能自己动起来。这就是从控制加工，转变为自动化加工。

反过来，假设你在一条路上开了成百上千次车，你已经非常熟悉路况了，那么开车的时候你会很放松，也许还能听听音乐、听听广播。但如果你开上了一条完全不熟悉的新路，你很可能会关掉音乐，打开导航，降低速度，坐起身子，专注地观察路况。这种情况下，就是大脑判定我们遇到了一个陌生的、重要的问题，于是立刻从自动化加工切换为控制加工，来解决眼前的问题。大脑之所以希望把更多的行为转变为自动化加工，就是为了当我们需要的时候，能够调动更多的资源，更好地处理重要的问题。

你可能已经注意到了，前文所述的"自动化加工"跟一个东西非常相似——习惯。我们日常生活中的习惯，就是大脑把一系列日积月累形成的自动化加工"打包"起来，并跟对应的场景挂钩的结果。一旦我们触发对应的场景，大脑就会按照设定好的队列，把这一整套行为按顺序"播放"出来。所以，为什么习惯那么难以改变？就是因为习惯的本质是一整套自动化加工的结果，是大脑最舒服、最省力的状态，也是大脑最自然的状态。而要改变习惯，就意味着你必须有意识地去使用控制加工，用新的行为去代替旧的行为，慢慢地去改变大脑，把旧的自动化加工，更换成新的自动化加工。

这是一个与本能对抗的过程，也是一个需要刻意行动和重复的过程。

我们的理性也是有限的

除了对注意力资源的分配和调控之外，节能的基本原理，还会被大脑应用到我们的认知过程中，也就是我们的"理性"中。

在20世纪50年代到70年代，学界盛行一种观点，即人类是理性的，总是能够深思熟虑地思考问题，能够分析所有的情况，做出最合理的选择。这就是古典决策理论中著名的理性人假说。但是，赫伯特·西蒙（Herbert Simon）认为：人们并不是全然理性的。很多时候，我们所面对的问题过于复杂，涉及太多的信息，在这种情况下，我们处理问题的原则并不是做出最好的选择，而是做出性价比最高的选择。这就是他知名的有限理性假说。简言之，大多数情境下，我们并不是追求问题的完美解答，而是综合权衡所付出的认知资源，采取近似、类比、抽象、推断等方法，以尽量小的成本，得到一个性价比高的解答。

在这个基础上，1984年，心理学家苏珊·菲斯克（Susan T. Fiske）和谢利·泰勒（Shelley E. Taylor），在她们的著作《社会认知：从大脑到文化》中提出了一个重要的模型：认知吝啬鬼。她们认为，大脑有一个内在的、固定的倾向，那就是对绝大多数事物，都希望采取走捷径的方式快速理解和处理它。因为这样是最省力、最节能的做法。

这个原理可以解释我们生活中许许多多现象，比如"刻板印象"。人们总是很容易给别人贴标签，比如：东北人一定很能聊天，广东人什么都吃，程序员都不善言辞，从事销售的人一定外向开朗……这些下意识的反应，很多时候可以帮我们快速建立起对一个陌生人的初步判断，但也很容易让我们陷入固定的思维之中。

为什么会有刻板印象呢？原因也很简单。如果我们每遇到一个陌生人，都要进行全面、详细的考察，这就会成为一件极其耗能的事情。因此，大脑就走了捷径：它从我们关于各种各样人群的"数据库"之中，抽象出一个个模糊的模式，再把这些模式应用在陌生人身上。虽然这样会降低准确性，但比起对每个人进行全面考察，这样做会省力得多。

认知流畅性是认知心理学中重要的一个理论。它指的是，如果一条信息加工处理起来更流畅、更省力，那么大脑就会更加喜欢它，也会更加倾向于接受它、相信它。心理学家罗伯特·扎荣茨（Robert B. Zajonc）发现：在不考虑其他因素的情况下，如果一张面孔多次出现，我们对它的感受就会越趋于喜欢。为什么？因为多次出现带来了熟悉感，这种熟悉感又进一步加强了认知流畅性，使得大脑在处理它时更省力，这种省力就会使得大脑对它的印象更好——这种现象叫作"单纯曝光效应"。

这个效应可以用在很多地方。比如，你想让一个人喜欢你，不妨试着在对方面前"不经意"地多出现几次，这样，当你们正式相识时，对方对你的观感就会更好一点。当然，要注意不要打扰到对方，不能引起对方的反感，否则就会适得其反，让对方愈加讨厌你。

心理学家埃琳·纽曼（Eryn J. Newman）等人的一系列研究发现，当我们接收一个观点时，如果配上一张无关的图片，或者作者的名字非常简单好记，又或者字体非常清晰、舒适，这些看起来完全无关紧要的细节，都能有效提高我们对这个观点的接受程度和信任程度。原因只在于它们提高了这个观点的认知流畅性，使它加工起来更省力。

这也正是谣言的魔力所在。为什么谣言总是很容易传播？一个重要原因就是谣言往往都非常简洁、武断、斩钉截铁，因此会天然地受到大脑的青睐。反之，比较可靠的科普内容往往较为复杂、克制，很难提炼出一个简单的论断，从而更不容易被大脑记住和接受。同样，许多人阅读的时候喜欢所谓的"金句"，而这些"金句"之所以会得到青睐，很可能是因为它们足够简单且朗朗上口，从而具备极高的认知流畅性。

双系统模型

关于"有限理性"，另一个经典模型是丹尼尔·卡尼曼（Daniel Kahneman）在《思考，快与慢》中提出的"双系统模型"。丹尼尔·卡尼曼认为：我们的认知过程可以分为两个系统，系统一是直觉的、快速的，系统二是深思熟虑的。当我们需要进行决策判断时，由于系统一的反应速度远高于系统二，因此我们通常会下意识地使用系统一，从而作出一些不准确、不严谨的判断，影响我们的决策。

具体来说，卡尼曼把运用系统一做出判断的方式称为"启发式"（可以理解为直觉思考）。他认为当我们需要作出估算和判断时，我们往往会忽略客观的数据，而是采用两种启发式来帮助思考。

1. 可得性：一样东西我们对它记忆越深刻，就会觉得它越重要，越容易以偏概全；

2. 代表性：一个事物的特征越具有代表性，越符合我们的印象，我们就越容易忽略掉其他信息。

很多人都有一种感觉：当我排队时，我选的队伍总是走得最慢、最不顺畅的。但实际上更有可能的情况是什么呢？当你排队很顺畅的时候，它不会进入你的意识里；而当你排队不顺畅时，你会更容易注意到它，从而记住这件事情。因此，即使在100次排队里只发生过两三次不顺畅，你也很容易只关注到这两三次，然后觉得"为什么我老是遇到这种事情？"

再考虑一个问题：一个内向的人，他成为图书管理员的可能性大，还是成为一名销售人员的可能性大？可能不少人会认为是前者，然而，从客观的概率来讲，由于图书管理员的岗位数远远少于销售人员，前者大概只有数十万到百万的量级，后者有数千万的量级，他成为销售人员的可能性依然是更大的。这就是一个有代表性的启发式。由于在我们的认知中，图书管理员往往是内向的，这是一个极具代表性的特征，因此我们会把它们下意识地联系到一起，而忽略了客观数量和概率。

不过，这种天性并不是不可改变的。双系统模型认为，我们能够切换系统一和系统二，只是在默认情况下会更倾向于系统一而已。但只要我们保持更加谨慎的态度，经过训练，我们是能够更好地运用系统二的。因此，当我们做出决策的时候，要特别留意去克服自己运用系统一的天性。日常生活中简单的决策当然无所谓，但涉及重要的决策时，尽量避免靠主观印象做出判断，而是通过获取更多的数据和信息，使用系统二来综合思考。

2004年，苏珊·菲斯克和谢利·泰勒对认知吝啬鬼模型作了一个修正，提出了一个2.0版本，叫作"动机策略者"（Motivated Tactician）。这个模型认为：人们可以通过强烈的动机，来克服天性中对捷径的倾向，使用更加深思熟虑的方式思考问题。这与双系统模型更加契合。在当下的社会心理学研究中，动机策略者已经替代了认知吝啬鬼，成为更受支持和认可的模型。

尽管大脑有节能的天性，这个天性在日常生活中，会驱使我们做出非常多不够理性的决策和判断，但只要我们保持审慎的态度，具备足够的动力，经过系统的训练，依然可以引导和平衡这种天性，进行更加理性的思考。

稳定：拖累成长脚步的元凶

什么是稳定？

我很喜欢的科幻作家道格拉斯·亚当斯，在《困惑的三文鱼》中写过一段经典的俏皮话：

"我想出了一套规则，这套规则适用于我们对科技的反应：

1. 你出生时已经存在的科技都普通而平常，是世界运转秩序的天然组成部分。

2. 你十五岁到三十五岁之间诞生的科技都是令人兴奋的革命性产物，说不定你以后能以此为业。

3. 在你三十五岁以后诞生的科技都是违反自然秩序的。"

这段话很有意思，它反映出了一个直指人心的问题，在我们年轻的时候，我们总是很开放，乐于接受新事物，对一切都充满兴趣；但随着我们年龄增长，我们经历的事情越多，就越容易变得封闭、固执，对变化充满恐惧，日复一日地在自己熟悉的生活模式里打转。

这是为什么呢？最主要的原因是，年轻的时候，我们的大脑忙着接收各种各样的信息，对它们进行整合、建构，为这个外在的世界建模。在这个阶段，一切新鲜刺激都可能成为我们心智模型的一部分，所以我们会对它们充满兴趣。一旦建立起了某个心智模型，后面的工作就变成对它的修补和维护。所以，我们会开始排斥意外和变化，因为意外和变化意味着我们已经构建完毕的心智模型是不完善的，需要进行"大改"——这是一件非常耗能的事情，因此，大脑会下意识地排斥它。

这就是大脑的另一个基本原理：稳定。

什么是稳定呢？我把它总结成了如下几条原则。

- 确定性：大脑希望未来是可以根据过往的经验进行预测的，尽量减少模糊和不确定。
- 一致性：大脑希望接收的信息跟内在的心智模型是一致的，尽量减少矛盾和冲突。
- 适应性：大脑希望我们的生活模式是稳定不变的，一旦发生变化，它就想尽量恢复原状。

产生这三条原则最根本的原因是上一节所讲的节能。对大脑来说，维持原有的模式是最省力的，一切对原有模式的改动都是麻烦的、耗能的，因此要能省则省。

确定性：安全感的来源

不知道大家有没有思考过一个问题：神话是怎么来的？为什么我们的祖先们会想象出各种各样的神话传说？在神话学上，神话起源有不同的流派和观点。但在这些流派和观点里有一个共识：神话的本质是原始人类对于"未知"的一种解释和幻想，是一种试图把"未知"转化为"可知"和"已知"的尝试。

在远古时代，我们的祖先会遭遇到各种各样的自然灾害：地震、洪水、饥荒、暴雨……他们没有足够的科学知识，无法理解和预测这些天灾的规律，因此，对他们来说，这些灾难是完全未知的。未知，就意味着无法揣度、无法理解，也就意味着没有办法去干预。这会让人们感到巨大的不安全感，为了缓解这种不安全感，神话诞生了。我们的祖先把种种天灾拟人化，把它们变成了山神、风神、水神、雷神……尽管神明依然"喜怒无常"，但比起完全的未知，这已经是巨大的进步，因为他们拥有了一种解释方法，不安全感由此得到缓解，祖先开始构建出对世界的初步解释。

进一步，他们还发展出了仪式：求雨、祈福、治疗……如果说拟人化神话是一种对世界的解释，那么仪式就是一种企图去干预和影响世界的努力。它是在"可知"的基础上，进一步去追求"可控"。

人类社会学里有一个非常经典的案例："二战"期间，美军在太平洋一座原始小岛坦纳岛上建立了一个基地，经常运送物资，偶尔也会提供一些物资给岛上的原住民。原住民从未见过现代科技，他们一开始非常惊奇，久而久之，就把这些美军当成了"神明"。后来"二战"结束，美军离开了坦纳岛。但岛上的原住民并没有就此罢休，他们发展出了一个宗教，把仓库和跑道当成祭坛，把飞机当成图腾，甚至发展了一套复杂的仪式，祈求他们的神明再次眷顾，为他们送来物资。

像这些神话、宗教和信仰，背后都有一个共同的原理：把"未知"转化为"可知"，甚至追求一定程度上的"可控"。因为大脑最害怕的敌人就是未知，也就是不确定性。未知就意味着许多不同的可能，那么对大脑而言，它就需要分配资源去逐一理解、思考和分析这种种可能性。这就会极大地占用大脑的空间，让它无暇去处理新的问题，被迫工作在"非节能"的模式下。

因此，我们总会下意识地排斥不确定性，企图在不确定性中寻求确定性、建立可控性，让我们感受到：我们对外部世界是有解释的能力的，甚至是有预测和干预的能力的——通过这种方式，让我们获得安全感。

一个最常见的排斥不确定性的例子就是焦虑感。我想，许多朋友可能都经历过类似的感受。比如：

听说今年竞争很激烈，我考研能不能上岸？

听说最近公司要裁员，我会不会在名单上？

下周就要上台演讲了，我会不会表现很差？

……

这种焦虑感如同附骨之疽，总会不由自主地侵入脑海，盘旋在思维里，让人心烦意乱，难以集中注意力。而焦虑的本质其实就是对于不确定性的恐惧。一件事情，如果我们明确知道它会顺利，我们不会焦虑；如果我们明确知道它不会顺利，我们也不会焦虑（取而代之的可能是恐惧或沮丧）。唯有在它有多种发展的可能性，并且我们难以确定哪一种可能性会成真的时候，它的不确定性会占据我们大脑大量的空间和资源，使我们被迫去思考每种可能性的结果和应对措施。因此，对大脑来说，这是一种不稳定的状态，大脑会期望它维持稳定，收束到某种具体的结果上。

在焦虑的驱使下，我们常常会做出一些没有意义的行为，比如在脑海中反刍自己的担忧、反复去确认有没有新消息……这些行为，其实就是大脑对于不确定性的一种反抗：它企图通过行动让我们感到，我们是"有事可做"的，是可以去干预和控制的。理解了这一点，你就会明白生活中的许多现象。比如：为什么我们会害怕风险？为什么我们会短视？为什么我们难以完成目标？一个重要的原因就是：对未来的不确定，拖住了我们的脚步，让我们无暇去考虑和规划未来，只能把目光停留在"当下"。

但是，这个时代的一个重要特征就是高度的不确定性。每一个个体都与其他个体密切相连，形成一个庞大又错综复杂的系统。每一点扰动，都会给这个系统带来巨大的、难以理解和预测的变化。因此，传统通过确定性来建立安全感的做法可能已经行不通了。尽管我们的大脑仍然维持着远古的特性，对不确定性深恶痛绝，但我们必须自己行动起来，让自己的大脑更快地适应当下的环境，适应这个充满变化和可能性的世界，从发展和完善中获得安全感。这可能是在这个时代，我们最需要去完成的课题。

一致性：不愿认错的大脑

如果你接触过批判性思维，就会知道大多数批判性思维训练都强调一点：尽量不要对一个事物"立场先行"，不要带着立场去理解它、评判它。因为当我们对一个事物抱持着预设的立场，就很容易落入一致性的陷阱里。

心理学家利昂·费斯廷格（Leon Festinger）做过一个经典实验。他邀请两组参与者去做一些非常无聊的工作，一段时间后，又要求他们去说服别人来做这项工作。其中，A组参与者得到了1美元的报酬，B组参与者则得到了20美元。结果A组参与者比B组活跃得多，对工作的评价也高得多。因为他们会这样告诉自己：这么无聊又低回报的工作，我却做了这么久，要么我是个笨蛋，要么它一定有些吸引人的地方。

这就是经典的"认知失调"理论：我们总是追求认知和行为一致。如果认知和行为出现不一致，就会使大脑感到困惑，它不知道该如何处理这种矛盾，因此会感到非常不舒服。这个时候，大脑就会有一种强烈的渴望：通过最省力的方式，去干涉这种认知和行为，使它们尽量保持一致。这种做法，就叫作"合理化"。

"合理化"现象在生活中比比皆是。一个最常见的例子就是吸烟：当烟民吸烟时，他的行为（我在吸烟）和认知（吸烟有害健康），就形成了冲突，造成认知失调。由于改变行为非常困难（已经形成了习惯），所以烟民会通过调整认知来缓解冲突，即告诉自己"吸烟不一定会危害健康；这是小概率事件，不怕；隔壁老林天天吸烟，不也活到了八十五……"。

进一步，在认知失调效应的影响下，一个重要的开关就被打开了，即动机性推理。

我们每天都会通过各种方式摄入海量信息，而这些信息绝大部分都是有偏的。于是，它们就会累积在我们的心智中，形成我们先入为主的观点。久而久之，大脑就会认为，这些观点是我们的真实想法，这就是"预设立场"。

在这个前提下，当我们接触到其他信息时，我们会更倾向于接受和相信正面证据，也就是支持我们固有观点的证据。如果我们对一个人有成见，那么当他做了一些不符合我们心意的事情时，我们就会更容易注意到，同时在心里对自己说"看吧，他果然是这样的人"。但反过来，当他做得好的时候，哪怕频率远远比前者高，也很容易被我们忽略。如果一个人对婚姻持悲观态度，那么当他看到失败的婚姻案例，他就会更加笃信自己的立场，并更容易向身边的人传播，但那些结婚后仍然非常幸福的案例就被他下意识地忽略了。这就叫"证实偏见"。你持有什么立场，就总是更容易接受与你的立场相一致的信息，下意识忽略那些不一致的信息。

当我们不可避免地看到跟自己的观点相悖的信息时，往往会合理化这些信息，把它们朝着我们想要的方向进行解释，以使它们与我们的立场保持一致。有些名人会在社交媒体上发布一些口无遮拦的出格言论，对于这些言论，反对他的人会说这是哗众取宠、头脑简单；而支持他的人，则会说这是为了吸引注意力，是扮猪吃虎。同样，如果偶像出了丑闻，粉丝们往往会认为这是竞争对手买的黑稿，或者认为这一定是一场误会……

小结一下。

1.预设立场：我们的行为和认知往往会为我们预设下一个个立场，让我们带着立场去获取信息；

2.证实偏见：在预设立场的基础上，我们会更容易接受跟立场一致的信息，忽略不一致的信息，从而强化我们的立场；

3.合理化：一旦我们接触到不一致的信息，我们也会倾向于把它往一致的方向解释，尽可能强化我们的立场。

这就形成了一个闭环。一旦你持有某个立场，带着立场去看待问题，很可能就再也没办法从中走出来了，因为你的一切行为，都在把你推向这个立场的更深处。这就是认知一致性的陷阱。对大脑来说，承认"我错了"是一件非常痛苦的事情，只要不是非常紧迫、无可辩驳的情况，大脑会尽一切努力避免这个结果。

适应性：最好的状态是不变

大脑有一个根深蒂固的需求：希望停留在"基线"上，不去改变，不去打破现状。什么是基线呢？我们日常生活中的常态，就是我们的基线。比如：你习惯每天晚上12点睡，早上8点起床，这就是你的作息基线；你平时习惯久坐，不常运动，所以跑几分钟就气喘吁吁，这就是你的体能基线；你习惯每天吃多少饭，少吃一点就会感到饿，这就是你的饮食基线。诸如此类。

对大脑来说，我们的生活轨迹保持在基线附近是最好的状态。一旦偏离基线，大脑就会把它识别为出现了一个"异常"，从而需要调动资源去想办法解决这个异常，让我们的状态回归基线。一个最简单的例子是"享乐适应"。心理学认为，我们的幸福感和快乐也是有一条基线的。一旦我们遇到非常好的事情——比如职位晋升、薪资上涨……短时间内我们会感到非常快乐，但这种快乐很快会回落，重新回到之前的基线上。因此，这种效应又叫作"享乐跑步机"，因为脑中的快乐会一直维持在适当的水平，就像在跑步机上原地奔跑。

再以睡眠为例，很多人觉得健康的睡眠就是要早睡早起，但其实并不是每个人都适合早睡早起。心理学家霍恩（Jim Horne）等人在1976年的一项研究中发现，我们的作息规律大体上可以分为三种：一种叫晨型人，适合早睡早起；一种叫夜型人，适合较晚睡觉、较晚起床；还有一种叫中间型，介于两者之间。如果你是一个夜型人，强行让你晚上10点睡觉，凌晨5点起床，这其实是不健康的，因为它不符合大脑为你设定好的基线。反过来，如果你是一个晨型人，让你熬夜到半夜12点，你也会坚持不住，因为大脑会极度排斥这种异常状况。

优质的睡眠是什么样的呢？我把它总结为三点，分别是"好、长、稳"。睡眠质量要好，不要受到外在干扰；睡眠时间要长，能够保证每晚7.5小时（约5个周期）的睡眠时间；每一天都在一个固定的、适合自己的时间睡觉与醒来，最好不要去打乱它。做到这三点，比要求几点入睡、几点醒来更加重要。因为这可以让大脑工作在良好的基线上，给它充分的安全感和稳定感，不需要耗费精力监控和调整自身的状态，可以心无旁骛地投入工作和学习之中。最需要避免的是紊乱的作息。今天夜里12点睡，明天夜里2点睡，后天夜里11点睡……偶尔几次，大脑可以调整过来；但长此以往，就会使大脑陷入困惑，会以为我们长期处于"异常状态"之中，从而产生慢性压力，使人变得状态低落，产生各种不良后果。

再举一个例子：减肥。许多人认为，减肥就是要加强运动和锻炼。但这个观点是不全面的。人类学家赫尔曼·庞瑟（Herman Pontzer）的研究发现：当人运动时，的确会在短时间内减少体重；但一旦把时间拉长，比如超过一年，那么大多数人的体重都会反弹，使得减重效果几近于零。因为我们的身体拥有超强的适应性，它会很快适应你做出的改变。当你锻炼时，一方面你的身体会很快适应这个强度，从而使得你实际消耗的热量下降；另一方面你的身体会刺激你摄入更多的能量，以弥补能量缺口。双管齐下，就使得我们减肥的努力几乎变成无用功。

更有效的做法，是把锻炼和饮食结合起来。通过一个更健康、更均衡、能够让你舒适地持续下去的饮食模式，让大脑把这种饮食模式和运动习惯固化下来，慢慢形成大脑新的常态，塑造我们新的"基线"。这样才能长期保持在一个更健康的状态。

大脑的"适应性"可以解释这样一个问题：为什么我们总是难以真正有效地改变自己？因为一切偏离基线的状态和行为，对大脑来说都是异常的，都是需要纠正和修复的。也就是说，当你想改变自己时，大脑始终会有一个力，把你往回拉，抵消你的努力和行动。要想养成良好的习惯，改掉自己的坏毛病，绝不能指望在短时间内一蹴而就，因为那相当于在跟大脑的适应性做斗争，注定是徒劳无功的。你要做的是通过缓慢的、日复一日地微调，去改变自己的基线，让大脑一步步适应新的模式，用它去代替旧的常态。

大脑认知的改变不是突变，而是渐变。就像种下一颗种子，悉心照料，等待它慢慢成长。

预测：喂给大脑什么，它就会变成什么

大脑通过预测来理解世界

这一节，我将与你分享神经科学近十年以来一个重大的发现。

本章第一节讲过，大脑是通过预测来判断我们是否需要节能的。其实，预测不仅仅是大脑对于节能的一种辅助功能，更是大脑非常底层、非常重要的一种信息加工方式。我们的眼睛可以看到五彩斑斓的世界，耳朵可以听到家人与朋友的声音，双手可以跟世界产生各种各样的交互。但大脑其实只是孤零零地悬浮在一片黑暗之中，环绕着它的只有来自 860 亿个神经元此起彼伏的电信号。大脑就是依靠这些电信号，理解着周围世界的一切。它就像一颗星星，孤独地悬在无垠的幽暗宇宙之中，陪伴着它的只有其他无数颗星星所带来的引力。在这种情况下，大脑每一天的工作是通过外界输入的电信号，微调神经元之间的连接，优化由神经元构成的神经网络，使得这个神经网络能够更好地反映外部世界。

如何调整呢？首先，大脑会通过调节神经元之间的连接，把外部的环境信息尽可能储存起来。比如：大脑发现一个刺激总是反复出现，就会把对应的神经元节点优先级调高；发现两个信息总是经常被联系起来，就在它们之间创建一条更短的通路；等等。通过这些方式，神经网络能够更快速地对外界刺激做出反应。这个不断优化、调整的神经网络模型，就是我们的心智模型，也是在大脑看来，我们所处的世界所"应该有的样子"。

然后，当我们接触到新信息时，大脑会根据已有的心智模型对未来进行推断，"预测"我们可能会遭遇什么，需要做出什么反应，可能会引发什么后果。大脑会根据这些结果，产生一个自上而下的预测信号，再把这个预测信号跟自下而上获取到的信息进行综合对比。如果一切吻合，就按照预测的方式行动；如果不吻合，就会产生一个预测误差，这时，大脑或是调整心智模型，或是驱动我们去做出其他行动，来修正和消除这个误差。

这就是预测加工理论。它可以分成两部分：第一部分是通过每一天、每一分、每一秒的信息输入，不断微调大脑内部的心智模型，以便更好地符合和反映外部世界；第二部分是通过这个心智世界，对我们每天会遭遇到的情况、做出的反应和结果进行预测，通过预测和对比来检验心智模型的有效性。

用一个简单的例子来类比：你第一天上学，进入教室，老师让大家起立问好，于是你学习到一条规则：上课前要起立问好。大脑会把这条规则写入心智模型里面，试图用它去解释和理解这个世界。接着，第一节课下课，进入第二节课，按照刚刚创建的新规则，你起立问好，其他人也同样做，也得到了老师的认可，这就是一个"符合预测"的情况。于是，这条规则得到了强化，大脑会更加相信它，利用它去处理对应的情境。

反过来，如果你起立问好，却发现其他人都没有动，那么，大脑就会立刻发出警报：是不是遭遇到一个"不符合预测"的情况了？这时，你的思维就会立刻飞速运转：为什么这条规则失效了？现在的场景跟先前的场景有什么区别？这条规则生效的条件是什么？我是不是需要修改这条规则，使它更加适应更多的不同场景？这就是对心智模型的调整和修补。经过思考和外界的反馈，你就会得到一条更新的规则，再把它写入心智模型中。于是，你的心智模型就会变得更加完善，能够适应更多的情境。

以上就是大脑本质的工作模式：通过这两部分所构成的回路，不断地让自己更加理解外部世界，更加适应外部世界。

我们的世界，其实是一个幻象

预测加工是一个很新的理论，大约从2010年才开始建立起来，但同时也是一个非常有潜力的理论，是认知科学界"大一统"理论的有力候选者。通过这个理论可以解释一些很有趣的现象。

我们的眼睛看到的事物，就是事物"此时此刻"的样子吗？其实不是的。光反射进入我们的眼睛，转变为电信号，再经过视神经进入初级视觉皮质，最终被我们所认知，这个过程是需要时间的，大约是100毫秒。也就是说，我们实际看到的世界，其实是它在100毫秒之前的状态。但为什么我们日常生活中不会感到周围的世界"延迟"了

100毫秒呢？因为大脑每分每秒都在根据过往的心智模型，不断预测我们周围的世界在100毫秒之后是什么样子的，然后，给我们呈现这个预测的结果，帮我们补足这100毫秒。

更进一步，2022年的一项研究发现，大脑预测的素材，来自大约前15秒内我们所看到的信息的整合 。也就是说，大脑每一瞬间，都在不断分析我们在15秒内看到的信息，通过这些信息预测我们在第16秒会看到什么，并把这个预测的结果呈现给我们，让我们以为这是我们实际所看到的。这说明我们以为自己看到的世界，实际上并不是真实的世界，而是大脑所预测出来的结果，是大脑"播放"给我们看的一个幻象。只不过这个幻象，跟真实的世界几乎毫无差别，所以我们平时觉察不到罢了。

有时我们以为自己看到了某个东西，但定睛一看，却发现什么都没有。其实不是因为我们眼花了，而是因为大脑预测的结果，跟实际的情况不匹配，产生了误差。比如，你坐在书桌旁，不小心把一支笔碰掉到地上。这一瞬间，大脑根据笔掉下来的角度和速度，立刻"预测"出笔可能的落点，并播放给我们看，让我们以为自己看到了。但当你真正看向那个落点，大脑根据视觉传进来的信息，发现笔其实不在那里，预测出错了。于是，它就立刻根据这个误差，修正了原本的预测。

当你口渴的时候，喝一口水，立刻感觉不渴了；当你饿的时候，吃一口巧克力，立刻感觉舒服多了。但实际上，水运送到身体的各个器官，以及巧克力里的糖分被分解、输送，都是需要时间的，它们并不会立刻生效。那为什么我们会立刻感到舒服了呢？原因就在于：大脑通过你喝水和吃巧克力的动作，预测到身体很快能够得到水分和糖分的补充，于是消除了内部发出的饥渴信号，让我们能够更快地用更好的状态去行动。

当我们打羽毛球、乒乓球和网球的时候，我们是看到球飞在空中的轨迹，然后计算落点，再快速过去接球吗？当然不是。实际上，当我们把球打出去时，预测就开始了。我们的大脑会立刻计算，对手可能会从什么角度接球，球可能会以什么轨迹飞过来，然后让身体做好移动的准备，这样才能确保第一时间接到球。

可以说，预测加工的模式贯穿生活方方面面。如果没有这个功能，我们将生活在一个全然不同的世界里。它告诉我们：我们所感受到的世界，实际是一个幻象，是大脑根据过往经验所想象和模拟出来的"未来"。

你的一举一动，都在训练大脑

为什么大脑要采取预测加工的模式呢？这种模式有什么好处呢？我们可以从微观和宏观两个角度来解释。

从微观角度不难看出，第一个好处是高效。通过预测加工的模式，大脑可以最大限度地压缩信息处理的时间，帮助我们更快速地对外界刺激做出反应。尤其是在原始社会中，这种毫厘的差距，很多时候就决定了生与死的距离。另一个好处就是前面讲过的节能。研究发现，当大脑工作在预测模式下时，大脑的脑电波是平缓、稳定的，这时，我们采取的是快速、直觉、自动化的加工处理方式；而当大脑监测到一个不符合预测的信号时，大脑会产生一个尖锐、剧烈的波峰，这个波峰会令大脑进入警觉状态，转而使用更加审慎的方式去加工信息。

因此我们可以这样理解，自动化加工和控制加工，系统一和系统二，这些在心理学研究中非常常见的双路径模型背后的机制，就是大脑在"预测模式"和"修正模式"两种不同模式下的工作方式。换句话说：预测加工的处理方式，可以使得大脑在符合预测的情形下消耗更少的资源，只在不符合预测的情况下消耗较多的资源。这样一来，大脑就可以实现资源的更优化配置，减少资源的浪费，把资源集中使用在更重要的地方。

从宏观来看，预测加工模式揭示了大脑非常重要的一个特性：可塑性。大脑由860亿个神经元及神经元之间的连接构成。神经元之间的连接所构成的神经网络反映了大脑对外部世界的建模。那么，这个网络是固定的吗？其实不是的。每一分、每一秒，它都在根据外部世界输入进来的信息，产生变化，不断地自我完善和自我修补，以便更接近它所认为的外部世界。这就是"贝叶斯大脑"的核心特征：你"喂"给大脑什么样的信息，大脑就会认为世界是什么样的，从而向着对应的方向演变。简单来说，就是用进废退。

2000年一个研究发现：伦敦的资深出租车司机大脑中的海马体比普通人更大、更活跃。因为伦敦的道路非常复杂，要成为一名资深的出租车司机，就必须把大量的线路信息牢牢地记在脑子里。而海马体正是大脑中负责空间记忆和方向导航的区域。由于这些出租车司机不断地高强度使用海马体，久而久之，他们的大脑就会认为他们处于一个需要高强度使用海马体的环境之中。这就是一个对外部世界的预测和建模。于是，为了适应这个模型，大脑就会把更多的资源集中在海马体，使得海马体的神经元之间的连接更紧密、更丰富，更容易传输信息。

这跟我们健身的原理也是一样的。你每天都去健身房举哑铃，久而久之，大脑就会认为：你因为某些不知道的原因，处于一个需要经常举起重物的环境里。于是它就会指示身体，让身体输送更多的蛋白质，用来合成手臂肌肉，帮助我们更好地适应这个环境，从而让你举起哑铃更加轻松。同样，如果你持续地做某一项工作，大脑就会把更多的资源集中到对应功能的脑区，去强化它、发展它，以便你在处理这项工作的时候，可以更轻松，更加节省能量。

每当有人问我：觉得自己的脑子像生锈了一样转不动，该如何提高自己的思考能力？我都会给一个简单的建议：试着去读一些复杂的、需要动脑的文章或书籍，从你只能勉强理解的难度开始。不用强求读懂多少，也不用追求从中得到多少收获，但要努力读进去。这样做的目的不在于从其中获得启发，而在于锻炼我们的大脑，让它逐渐习惯这种需要动脑的模式，进而当我们遇到问题时，大脑能够快速运转起来。

大脑就是一个借由过往经验来预测未来的机器。你喂给它过于简单、无须动脑的信息，大脑就会变得懒惰、懈怠，因为它发现这样就足以应对每一天的生活；你喂给它高度复杂、需要反复咀嚼的信息，大脑就会努力改变自己、调整自己，来适应信息的难度，直到得心应手为止。所以，如果你觉得自己的大脑稍微遇到一些问题就容易"宕机"，碰到一些复杂的信息就读不进去，那很可能意味着你在"简单模式"里生活得太久，大脑已经习惯了这种毫不费力的情况，因此对"费力"这件事非常排斥。

成长就是不断地把"费力"的事情，变得不再费力。这背后的机制，就是大脑调整了自己的心智模型，把更多的资源集中在对应的功能上，让我们能够更好地去适应环境、处理环境。

我常常说:"当你产生情绪时,先退一步,缓一缓,再行动,这是最有效的控制情绪的方法。"因为情绪本质上也是大脑按照预测加工模式所向我们发出的一个信号。当你按照情绪反应不假思索去行动时,你就相当于告诉大脑:这个预测是正确的,请帮我强化这个预测。于是,大脑就会让你更容易产生情绪,更容易陷入情绪的困扰中。对大脑来说,产生冲动与冷静的比例,假定是9:1,那么,你每冲动一次,每被情绪裹挟着去行动一次,大脑就会把冲动的比重调高,变成9.1:0.9、9.2:0.8……反过来,当你先退一步,冷静下来再去行动时,就给了大脑一个"不符合预测"的缓冲机会。你每冷静一次,大脑就会把权重往冷静的方向调整,变成8.9:1.1、8.8:1.2……久而久之,你就会感觉能够更加控制好你的情绪,不那么容易冲动了。

日常生活中,我们每天一切行为和信息输入都是在训练大脑。你希望你的大脑变成什么样子,就可以往对应的方向训练它。

我预判了你的预判

前文写到,大脑喜欢稳定、不喜欢意外,那么最符合大脑需求的生活,应该就是每天都一模一样、丝毫不变了吧?但真的过上这样的生活,我们又会感到非常无聊。这是为什么呢?

答案是,我们之所以排斥无聊,正是因为大脑根据整个进化史以及我们的生活经验,形成了一种心智模型:一成不变的生活是不好的,不利于我们的生存。试考虑:对于一个原始人来说,假如他一辈子的生活范围都在一片非常狭小的区域里，会怎么样呢？一旦这个区域里的资源枯竭了，或者发生其他意外，比如遭遇猛兽或自然灾害，他生存下来的可能性就会非常小，因为他没有地方可以藏身和谋生。

因此，大脑在心智模型里面，会建立起一条非常重要的规则：我们不能局限在一成不变的环境里，必须时不时有一些新的刺激，有一些陌生的探索和反馈。换言之，大脑对环境的预测是生活的环境不会完全符合预测，这其中必须有一部分是不符合预测的。因此，如果一切符合预测，大脑反而会觉得不舒服，因为这违背了更高层级的预测。

比如我们看小说、电影，当我们把自己代入主角时，肯定希望主角能够逢凶化吉，一切顺利。但当一切顺利得过头的时候，我们会有什么感觉呢？我们会猜想可能会有"反转"。因为我们清楚地知道，现实的逻辑不是这样的。我们会希望主角能多点波折，不然就会索然无味。同样的道理：大脑的稳定原理希望生活尽可能一成不变，但大脑的预测原理告诉我们，完全一成不变是不可取的，我们还是需要一定的新鲜刺激才能更好地生存下去。

那么，如何保持这两者之间的平衡呢？2019年一项关于学习的研究发现：当我们对新知识进行测试的错误率在15%左右时，我们的学习效率是最佳的。这也许可作为一个参考。虽然，这只是一个针对学习的研究，但它与我自己的经验和感受比较一致。因此在生活管理中，我设置了一个"15%可能性"的项目，也就是抽出大约15%的时间去尝试和探索自己没有做过的事情，为生活引进一些新鲜感。

反馈：让你停不下来的甜蜜陷阱

大脑的动力来源

你有没有过这样的经历：

明明有很多事情要做，但还是忍不住闲聊、水群、刷手机，告诉自己"玩一会再开工"；

明明订好了学习和锻炼的计划，但总是三天打鱼两天晒网，才坚持没几天就不了了之；

明明下定决心"不能荒废时间"，但依然把时间消磨在娱乐和发呆中，回过头来又追悔莫及……

这可能是困扰大多数人的一个问题：为什么大脑会这么渴求即时反馈，以至于无法忍受长期的付出？这就涉及大脑第四个非常重要的底层原理：多巴胺的学习和强化机制。

大家对多巴胺一词应该不陌生，许多人会把多巴胺跟爱情、快乐、幸福等联系在一起。那么，多巴胺究竟是什么？它在我们大脑中，又是如何发挥作用的呢？具体而言，多巴胺是一种神经递质，用来在神经元之间传递信息。在大脑中，多巴胺的分泌和信息传递有多条不同的路径，每条路径叫作一种"通路"，把不同的脑区连接起来，起到不同的作用。

通路主要有四条。第一条叫作"黑质-纹状体通路"，主要涉及运动的控制和调节；第二条叫作"中脑-皮质通路"，主要涉及决策功能；第三条叫作"结节-漏斗通路"，主要涉及生殖。重点是第四条通路："中脑-边缘通路"。它有一个更为人知的名字：奖赏回路。

为什么叫奖赏回路呢？因为，当这条通路被多巴胺激活时，它就会带给我们强大的动力，让我们充满激情，特别想立刻行动。这也是多巴胺最核心的作用：为我们提供动机，激励我们行动。我们平时所说的"多巴胺"，比如：热恋促进多巴胺分泌，喝奶茶促进多巴胺分泌，刷短视频促进多巴胺分泌……指的都是这条通路。

具体来说，这条回路主要包括中脑腹侧被盖区和伏隔核两个部位。当大脑接收到正向刺激时，腹侧被盖区会大量分泌多巴胺，将信号传递到伏隔核，激活伏隔核的活动，再把这些神经活动投射到大脑其他区域，主要是大脑皮质。这可以让我们整个人振奋起来，感到精神百倍，浑身充满动力。

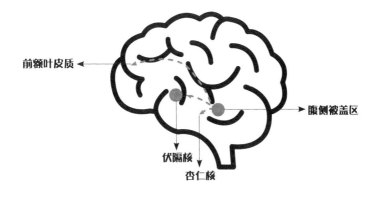

图1-1

在本章第一节中我们提到：大脑会有两种最底层的天性，分别是趋利、避害。节能就是"避害"的表现，而趋利主要是由奖赏回路控制。当我们采取某种行动，获得某种对生存有利的回报时，大脑就会给这种行为一个奖励，告诉我们：这种行为是对生存有利的，可以更多地去践行它。为什么几乎所有人都对甜食没有抵抗力？就是因为糖分是身体最容易直接使用的能量来源，因此，奖赏回路对糖分是最敏感的。当大脑监测到你正在摄入糖分，它就会激活奖赏回路，给我们带来动力，激励我们摄入更多的甜食。

除糖分外，还有哪些事物容易激活奖赏回路的刺激呢？与生育相关：爱情。这非常好理解，不多说了。与适应能力相关，比如刷手机、看新闻、刷短视频，满足好奇心等。这些行为都有助于我们获取更多关于周围环境的信息，从而更好地适应环境。与自我认同相关，比如得到他人的肯定、赞赏和羡慕，以及自己辛辛苦苦做成了一件事情等。这些行为可以增进自我认同，提高自尊和自信，从而更好地探索世界。跟社会习得相关，也就是对我们的社会生活有帮助的东西，比如金钱，物质奖励，或者人际关系的加强和巩固。这些都有助于我们更好地在社会中生存下来……

综上所述，多巴胺的作用是在探索这个世界的过程中，帮我们找到那些对生存有利的行为，然后给它们打上一个标记，让我们拥有更强的动力去做它们，从而能够更好地"趋利"，摄取到更多的能量和竞争优势。

多巴胺：快感还是动机？

你可能已经注意到了，传统的说法是"多巴胺与快感相关""多巴胺为我们提供快乐"，但在上一节中，我们说的是"多巴胺为我们提供动力"。那么，快感与动机究竟有什么区别和联系？我们该如何理解它们之间的关系？

我们可以把大脑的奖励细分成两部分：一部分是快感，也就是快乐、开心和愉悦感；另一部分是动机，也就是让我们"更加想要做某件事"的冲动。这两者经常同时出现，但它们其实是不同的。举个例子，我花了几个小时写了一篇文章，非常开心，但同时也觉得很累，不想再写了，这就是一个高快感、低动机的例子。

传统的观点认为：多巴胺同时调控了快感和动机。但心理学家肯特·贝里奇（Kent Berridge）和特里·罗宾逊（Terry Robinson）在1989年研究发现，当降低多巴胺浓度时，小鼠的愉悦感几乎没有变化，但是动机明显变弱了，变得没有那么想要去行动了。

进一步的研究揭开了"快感"的神秘面纱。肯特和特里发现，我们的快感是由大脑中一系列的"享乐热点"调控的。这些享乐热点非常小，并且藏在好几个不同的脑区内部。它们由另一套复杂的机制调节，跟多巴胺一点关系都没有，即使在享乐热点的位置提高多巴胺浓度也不会带来快感的上升。

综上所述，我们可以得到这几条结论。

1. 多巴胺调控的是动机，而非快乐。

2. 当我们获得正反馈时，大脑就会分泌多巴胺，从而激活奖赏回路，激发我们的动机。

3. 在奖赏回路中，多巴胺的浓度越高，我们的动机也就越强。

4. 快乐由享乐热点调控，受另一套机制影响，跟多巴胺无关。

那么，什么东西会带给我们快乐呢？一个理论是，它与我们的认知目标密切相关。当你从认知上认为一个东西是重要的，并且你得到了它，或者离它更进一步，你就更容易感到快乐。而我们会以为多巴胺提供了快乐，一个可能的原因是在进化过程中，对我们生存有利的事物，往往也能同时带来快乐，即它们能够同时激活奖赏回路和享乐热点。所以这两种感受往往伴随而来。

随着我们进入现代社会，一种新的现象诞生了。在商品社会中，卖方为了把我们绑定在他们的产品上，成为他们的用户和消费者，开始针对性地操纵我们的奖赏回路。他们会精心设计出各种各样的"信息甜点"。它们往往无须费脑，不断为大脑带来新鲜刺激，激活奖赏回路，让人欲罢不能。各种不费脑子的信息，图文并茂的内容产品，感官轰炸的短视频、娱乐节目，耸人听闻的八卦资讯都是利用了这一原理。

我们的奖赏回路哪见过这种阵势，它会惊讶地发现：这个世界真是太棒了，有这么多不用费力、唾手可得的奖励。因此，它很容易就会被俘获，让我们沉溺在信息甜点中难以自拔，也就是"上瘾"。但是当你沉迷于各种新鲜刺激的时候，当你娱乐、聊天、闲逛的时候，你感到快乐吗？你很可能只是下意识地、不由自主地去打开一个又一个网页，一遍遍上滑和下拉手机，仿佛有一种力量拉着你，但你并不觉得真正开心，而会感到空虚和无聊。

"上瘾"就是一个典型的高动机低快感的现象。当我们沉迷于某一事物时，我们可能并不感到快乐，但就是控制不住自己，原因就在于这些奖励刺激的是我们的奖赏回路，而不是享乐热点。我们内心深处知道它们并不重要，只是在浪费时间，但就是控制不了大脑的天性。

进一步，这又会导致一个结果。一旦我们习惯了这种"不劳而获"的多巴胺获取模式，就更加难以适应需要付出努力才能获取多巴胺的模式了。因为相比之下，后者能够为我们提供的奖励变得更少，能够激发的多巴胺浓度也相对来说变低了。一边是你什么都不用做就可以获得稳定的多巴胺，另一边是你必须先付出努力，经过一定的时间，才能获得的并不确定的多巴胺，大脑自然会更倾向于选择前者。

前面讲过：多巴胺浓度高时，我们会浑身充满干劲，精力充沛，对什么事情都抱有充分的激情和好奇心；反之，多巴胺浓度低时，哪怕很开心，我们也会觉得疲惫、怠惰，什么都不想干。心理学家约翰·萨拉蒙（John Salamon）的实验发现，面对一份唾手可得的小份食物，以及需要跨越障碍才能得到的大份食物，低多巴胺水平的小鼠往往会选择前者，而高多巴胺水平的小鼠往往会选择后者，而后者又进一步为小鼠提供了更高额的奖励，从而形成一个良性循环。

如果你经常觉得自己缺乏动力，对什么事情都提不起兴趣，觉得什么都无所谓，那么可能意味着你的奖赏回路系统过于依赖外在奖励，缺乏足够的锻炼和刺激，进而使它自主产生多巴胺的能力变低了。这就是外在世界为我们设下的"甜蜜陷阱"。正是它们让我们感到越来越无聊、空虚，变得越来越短视，只想满足眼前的利益和娱乐，不想考虑长远的事情。

如何克服大脑的短视？

多巴胺有一个非常重要的特征叫作"奖赏预测误差效应"。它指的是刺激多巴胺分泌的并不是我们得到的结果本身，而是结果跟期望之间的差距。

比如你完成了一个项目，本来预计会得到1万元的奖励，但公司今年效益特别好，给你发了2万元。那么对于大脑来说，你实际得到的奖励是多少呢，是2万元吗？不是的，是2万元−1万元=1万元。只有超出期望的那部分，才会带来巨大的多巴胺水平提升。

这一点与"预测原理"的内容密切相关。多巴胺给予奖赏的额度就是超出预测的误差。所以，这个理论的名字叫"奖赏预测误差效应"，意思就是，奖赏的本质，就是预测误差。

那么例子中原本预期内的 1 万元呢？难道没有任何作用吗？也不是。大脑会提前"兑现"它，把它变成推动我们去完成这项任务的动力。也就是说：当我们开始工作的时候，我们预期会有一笔 1 万元的奖金收入，这部分反馈就会预先提高我们的多巴胺水平，强化我们的动力，促使我们去完成工作。

这就是我们所说的"内驱力"的来源，也就是推动我们去做各种各样行动的原初动力。它的本质就是大脑提前"预支"的奖赏反馈。当我们完成了更多的项目，获得更高的奖励，那么我们的预期就会被继续推高。当我们预期会有 2 万元的奖励，并且实际也得到了 2 万元时，多巴胺的水平是不会提高的。它并不会强化我们的动力，而是反过来，让我们感到不满足，让我们产生"想得到更多"的渴望。

这就是推动我们去实现更高目标的力量。长时间停留在同样的状态，我们的奖赏阈值会被推高，从而会希望付出更多的行动、更大的努力，去实现更可观的成果和收获。

一个良性的成长过程是什么呢？是先给自己设置一个小目标，通过行动去完成它，获得奖励；然后再稍微提高目标，让自己付出更多的行动去攻克它……在这个过程中，"不知不觉"地提高自己的能力，让自己获得成长。

同样，想要克服我们短视的天性，去做一些更长远的事情，最关键的一点就是试一试，动手去做一些事情，从动手的过程里获得奖赏和反馈。

不妨试一试，有意识地远离短期反馈，避免自己的阈值被无限拉高；然后，在生活中给自己设置一些小挑战、小任务，可以是上手一个新技能，入门一个新领域，解决一个实际问题……它最好是你感兴趣的，有足够动力去尝试的。试着动手去做一做。每一次通过付出行动获取奖励，大脑就会把"付诸行动"这件事情打上一个标记，并在下一次行动之前，提升我们的多巴胺水平，为我们预支动力，让我们能面对更大的困难。通过这种方式，一步步地积累内驱力和成就感，慢慢地，让自己积累更多的自信和动力，能够追求更长远的目标，应对更复杂的困难。

这就是一个成长的过程，也是一个不断突破自我的过程。

本 章 复 盘

在这一章中，我们讨论了大脑的四种基本原理。

第一种：节能。它是大脑运作的最基本原理。大脑总会倾向于走捷径、抄近道，用最简单的方式去行动，以节省更多的能量和资源，确保我们能更好地趋利避害。

第二种：稳定。它是大脑的定位系统。大脑总会倾向于维持现状，希望一切是确定的、已知的、可控的，这样才能获得安全感，维护现有的心智秩序。

第三种：预测。它是大脑的导航系统。大脑每时每刻都在完善自己，我们的一切信息输入和行动输出，都是对它的一种训练，把它往对应的方向一步步推动。

第四种：反馈。它是大脑的动力系统。大脑以完成任务、获得奖励的方式来强化我们的行动，为我们提供动力，让我们知道什么事情是可以做、应当做的。

这四条基本原理，彼此组合，可以演绎出非常复杂的规则。生活中的种种现象，大脑的种种规律，都可以归结到这四点。

同样，许多自我提升、自我完善的思维和方法论，也必须基于这几条原理，才能更好地落实，取得成效。

第二章

掌控情绪：
如何与情绪做朋友

绝大多数朋友在生活中，或多或少都遭遇过负面情绪的烦扰。

在工作中犯了错误、跟朋友闹了矛盾……我们有时会在脑海中把这件事无限放大，不断想象最坏的结果，导致心情低落，什么事情都做不好。遭遇一个新问题，接到一个新任务，第一反应总是下意识地自我怀疑和否定，问自己：我能行吗？我会不会把事情搞砸？从而一直紧绷着神经，遇到一点挫折就泄气。即将迎来一个重要的事件，比如在众人面前演说，随着时间临近，焦虑感与日俱增，脑海中总是盘旋着种种担忧和杂念，吃不香、睡不好……

这些负面情绪无孔不入，在我们需要专注和行动时，顽固地钻进脑海，盘旋在思绪中，跟理性争夺掌控权，蚕食我们的注意力，让我们心烦意乱，难以行动。如果任由这些负面情绪滋长、蔓延、壮大，它就会逐渐吞噬我们的幸福感，让我们一直活在担忧、恐惧和焦虑之中。

那么，如何理解情绪，又如何更好地与情绪相处呢？这一章，我会带你细细探究情绪的奥秘，与你分享如何更好地理解情绪，掌控情绪。

情绪的本质：大脑预装的报警器

　　我经常看到类似这样的问题：情绪是不是一个不好的东西？如果没有情绪，我们是不是可以变得更加理性和客观？如何才能做到尽量消除情绪、不受到情绪的影响呢？

　　其实，完全没有必要把情绪看成洪水猛兽。情绪的本质是什么？从进化的角度讲，情绪相当于大脑的一个报警器。它不间断地扫描着周围的环境，一旦监测到环境中存在异常信息，就会立即给身体发送信号，让身体切换到对应的状态。就像手机的"情境模式"一样。你去开会，调成会议模式；你去睡觉，调成勿扰模式；你上飞机，调成飞行模式。原理都是通过切换状态，快速调整一系列内部的设置，来适应外界环境。

　　为什么情绪总是突如其来、难以抑制呢？在原始社会，总是有着许多场景需要我们快速做出反应，但理性思考的时间又实在太长，效率太低。为了快速应对瞬息万变的环境，大脑进化出了"情绪"功能，作为在紧急情况下掌控身体的应急措施。

当原始社会的人们遇见猛兽，或者面对悬崖峭壁时，"恐惧"可以让人们更高效地应对危险，抓住从危险中脱身的机会；当人们跟部落的同伴一起伏击敌人时，"信任"可以让人们更专注地对待外敌，无须浪费精力提防同伴；当人们发现一处丰盛、安全的食物来源时，"喜悦"可以帮人们打上一个坚固的烙印，强化这次的经验；当人们遭遇到有毒的食物，或者遇到需要花费时间精力去摆脱的场景时，"厌恶"可以为我们总结教训，避免重蹈覆辙……

可以说，情绪与理性走的是两条不同的通道。只有这样，当发生紧急情况时，情绪才能立即掌控主导权，调动整个身体的系统，迅速切换到对应状态，不浪费一秒钟。而我们所经历的"情绪感受"，比如心跳加速、手心冒汗、心烦意乱……实际上就是身体切换到对应状态时，内部激素变化的结果。它的作用是帮助我们把这个"异常状态"跟日常状态区分开来，更好地采取行动。

第一章讲过，大脑天生有寻求稳定的需求。而情绪的一个功能，正是大脑通过外部刺激，让自己进入一种"不稳定"的状态之中，从而迫使我们尽快采取行动来应对这种不稳定，回到稳定的状态里。可以说，正是情绪使得人类能够在危险环伺的原始时代，避开种种危险和冲突，更有效地集中资源、趋利避害，一直生存到了现在。

问题在于，相比于科学技术的发展，我们的大脑进化得实在太慢了。当今的社会生活与数万年前已不可同日而语，而大脑面对现代社会其实是不适应的。情绪这个警报器，在现代更加稳定、安全的环境里显得过于敏感。因此面对情绪不要拒绝它、排斥它，而是要试着理解它、接纳它，并在这个基础上去引导它、安抚它，让它顺着自己想要的方向发展，避免自己受到它的摆布和操纵——这是一个更好的心态。

要注意的是，并非所有情绪都是与生俱来的，许多情绪是在我们成长的过程中，由多种情绪原料糅合，再与社会认知和文化环境逐步结合所形成并巩固下来的。通过这种方式，我们形成了数十种不同的情绪[1]，来更好地适合自然和社会。

这些情绪原料是什么呢？一个观点是把它们理解为若干种基本情绪。它们就像色彩中的三原色，通过不同的浓度组合形成不同的情绪。这种观点叫作"基本情绪理论"。

研究情绪的先驱保罗·艾克曼（Paul Ekman）认为：人有6种基本情绪，分别是恐惧、愤怒、喜悦、悲伤、厌恶和惊讶。后来他又作了修正，加上了轻蔑，变成7种。

心理学家罗伯特·普拉奇克（Robert Plutchik）则认为：基本情绪有8种，分别是喜悦、悲伤、信任、厌恶、恐惧、愤怒、惊讶和期待。这8种情绪还可以分成两两对应的4组：喜悦与悲伤；信任与厌恶；恐惧与愤怒；惊讶与期待。

2014年又有心理学家提出了更简单的情绪4分法：恐惧，愤怒，喜悦，以及悲伤。有趣的是，这与传统俗语"喜怒哀惧"也是一致的。这些基本情绪两两相加，可以形成许多不同的情绪。比如，在普拉奇克的理论中，爱等于喜悦加上信任，惶恐等于喜悦加上恐惧，屈服等于信任加上恐惧，轻蔑等于厌恶加上愤怒……

另一种观点则是把情绪原料分解到两个维度。一个维度表示它对我们是否有益，另一个维度表示它是否符合我们的预测、是否可控，通过两条坐标轴形成四个象限，所有的情绪都可以表示在这四个象限上。这种观点就叫作"情绪维度理论"。比如："厌恶"就是负面且可

1　关于我们能体验到多少种情绪有不同的说法，主观上较容易区分的大约为20~40种。

控，而"恐惧"就是负面且不可控；"有趣"是轻度正面且可控，"快乐"是高度正面且可控；"遗憾"是轻度负面且不可控，"如释重负"是正面且不可控……

不论哪种观点，它们的本质都是一样的。情绪最原始的作用，就是对不同情境做出应答，以快速判断这些情境是否对我们有益（对应正面和负面），以及需要我们投入多少资源去对待。这两点也是我们的祖先在自然界生存最需要关注的因素。

尽管有这么多种不同的情绪，但并不是所有情绪都会对我们造成困扰。显而易见，正面情绪是不会被我们排斥的，会对我们造成困扰的大多是负面情绪。而在负面情绪里面，最常见、对我们影响最大的是什么呢？是愤怒，恐惧，以及广受心理学家关注的焦虑。生活中，我们遭遇到的种种事情，所产生的诸多烦恼，归结起来，其实大多都逃不出这三种情绪的桎梏。

你可能会在生活中遇到某些人特别冲动，容易一言不合就发脾气、闹别扭、情绪失控，说出一些不经思考的气话，这是愤怒；当你工作压力很大，铺天盖地的任务压过来，而别人就是不配合，项目推进缓慢，你会觉得非常郁闷、憋屈，想跟朋友吐槽、发泄心里的怨气，这也是愤怒。

突然间发生一些意外的事情，打破了你稳定的生活，你对此感到非常排斥，不想面对这些事情，只想捂住眼睛，假装一切从未发生，这是恐惧；你很抗拒社交，因为每次跟别人交流时都会想很多，关注自己的一言一行，很担心给别人留下不好的印象，这也是恐惧。

当你遭受许多悬而未决的事情，在压力下日思夜想、寝食难安，脑子里充斥着各种各样的杂念，导致不自觉地分心，无法专注于手头的事情，这就是焦虑。

愤怒、恐惧、焦虑，它们来自哪里

接下来，让我们探寻上述三种情绪的生理基础。

很多朋友可能听说过一个概念叫作"三脑模型"。它把我们的大脑分为三个部分。

- 原始脑：又称爬行脑、蜥蜴脑，是生物进化过程中最原初的大脑结构，主要负责维持生命，和最基本的运动、攻击、逃跑等本能。
- 情绪脑：又称边缘系统，是哺乳动物初期形成的大脑结构，主要负责原始情感、情绪等功能。
- 理性脑：又称新皮质，是人类特有的大脑结构，主要负责语言、计划、思考、决策等高级功能。

这个概念是医学家保罗·麦克莱恩（Paul D. MacLean）在20世纪60年代提出来的，随后便风靡全球。很多人了解大脑构造可能就是从它开始的。不过，对现代神经科学来讲，它其实是一个比较简陋、过时的框架。

一方面，人脑的三个部分并不是按照顺序进化的，只是分工不同罢了。以"新皮质"为例，它并不新，也不是人类特有的脑区，类似的功能部分，在早期的哺乳动物大脑中就存在，甚至在非哺乳动物——比如鸟类、蜥蜴乃至部分鱼类脑中都存在。它们之所以没有发展出像人类一样的智能，只不过是因为它们的大脑发育不够复杂而已。

神经科学家莉莎·费德曼·巴瑞特（Lisa Feldman Barrett）认为，人类并没有那么特殊，我们只是幸运地获得了更长的大脑发育时间，大脑皮质得以形成极其复杂的结构，从而支撑起高级认知功能。如果给老鼠和蜥蜴同样长的发育时间，它们也能发育出类似我们新皮质的大脑结构（当然，那就是一个全新的物种了，它们认知和思考外部世界的方式可能与人类大相径庭）。

另一方面，三脑模型假定脑区是独立的，每个大脑部位只负责一个功能，但真实情况并非如此。现代神经科学认为，大脑主要靠协作来完成各种各样的任务。因此，现代神经科学主要研究的是"通路"（又称回路）和"网络"，也就是多个大脑部位之间如何协同、连接，而非局限于某个具体脑区。

2004年前后，神经科学家蒂姆·达格利什（Tim Dalgleish）等人提出了一个更新的"情绪大脑"模型。这个模型把我们的情绪系统分为两个网络：一个叫作腹侧网络，包括杏仁核、脑岛、腹侧纹状体和腹侧前额叶等，主要负责情绪的产生、识别和自动调节；另一个叫作背侧网络，包含海马体、前扣带回和背侧前额叶等，主要负责情绪的主动调控。

在这个模型中，最重要的通路，就是"杏仁核–前额叶"通路。这也是跟恐惧、愤怒和焦虑，关系最为密切的通路。

杏仁核是位于大脑皮质下方的、一处小小的、杏仁状的结构，左右各有一个[1]。尽管杏仁核的名字很普通，但它在大脑中却有着举足轻重的作用，它是我们的"情绪中心"，是许多情绪相关通路的核心。

那么，杏仁核的具体作用是什么呢？概括起来就是"情境记忆"和"威胁识别"。

当我们在生活中遭遇到不好的事情，尤其是对我们造成伤害的刺激时，杏仁核就会被激活。它会忠实地记录下当时的情境、线索和感受，把这些信息打包到一起，储存起来，并给它赋予一个名字，叫作威胁信息。然后，杏仁核会驱使大脑不断去扫描周围的环境，获取环境中的信息。一旦它发现环境中存在着跟"威胁信息"相似的线索时，它就会立刻活跃起来，向大脑发送一个信号：危险！当心！接下来，杏仁核会接管我们的大脑，调控身体快速分泌激素，进入"战或逃"的反应状态——要么鼓起勇气去战胜威胁，要么立即逃跑。人脑正是以此更高效地应对环境的威胁和挑战。

你会发现，这恰好跟愤怒和恐惧的情绪相对应。实际上，这两种情绪的本质是一样的，都是当杏仁核监测到环境中存在威胁线索时，促使大脑和身体快速切换的一种应激反应。那么为什么会有两种不同的情绪呢？原因在于身体的唤醒程度不同。愤怒是一种高唤醒程度的反应。它的本质是大脑认为"我能够解决这个威胁，这个威胁是不应该出现的，它破坏了我的预测，让我产生不稳定感，这种感受应当被消除"。恐惧则是一种低唤醒程度的反应。当我们感到恐惧时，其实是大脑认为"我难以应对这个威胁，这个威胁触动了我内心深处某些不好的想象，我不希望这些想象成真，因此我需要逃离它、避开它"。

1　由于左右杏仁核的功能差别不大，因此在后面的文章中，我会把它们作为一个整体，用杏仁核来称呼。

用情绪维度理论来划分，愤怒是负面且可控的，恐惧则是负面且不可控的。

那么，焦虑跟它们有什么关系呢？第一章里讲过，焦虑的本质是对不确定性的担忧。当我们面对一个可能但尚未到来的危险时，它的不确定性就会占据我们大脑的思考空间。这种不确定性所导致的负荷感，以及不稳定所带来的未完成感，萦绕在脑海中，就形成了焦虑。

可以这样理解，焦虑的本质是我们感受到了威胁，但不知道这个威胁有多严重，也不知道我们是否有能力去解决它。于是它就成了一个悬而未决的问题，持续不断地占用大脑资源，让大脑无暇处理更重要的事情。因此大脑才给我们发送"焦虑"的信号，希望我们能快速解决问题，赶紧去消除这个不确定性。

可以说，焦虑与恐惧是同源的，它本质上是一种低度的、持续的、弥散的恐惧。恐惧是由某个具体对象所诱发的应激反应，而焦虑是由这个对象的可能性和不确定性所诱发的反应。传统的研究认为，焦虑和恐惧虽然相似，但控制它们的主要脑区是不同的，恐惧主要受杏仁核影响，焦虑主要受终纹床核作用。但2020年9月21日发表在《神经科学》上的一篇研究论文表明：焦虑和恐惧其实共享同样的脑区，它们都受杏仁核的影响和调控。

综上所述，愤怒、焦虑、恐惧这三种情绪都跟杏仁核有密切的关系。它们的本质，就是杏仁核出于"威胁识别"功能，对我们的一种警告和提醒。

这种功能在远古时代是非常有用的。对危险越敏感的个体，就越容易生存下来，进而把对应的基因传递下来。但是到了现代，这个功能就显得过于活跃了。周围环境不再危机四伏，但我们的"威胁识别"功能仍然在辛勤地工作，反而给我们造成了困扰。

实际上，许多研究发现：那些行动力比较弱，遇事习惯瞻前顾后、犹豫不决的人，杏仁核的体积往往较大，活动也较为活跃。这就导致他们遇到问题时，总会下意识地夸大风险和后果，自己把自己吓倒，以致寸步难进。

除了削弱行动力，过于活跃的威胁识别还会带来一个副作用：灾难性想象。

很多人可能都有过这样的体验：当你感到焦虑的时候，你往往会不自觉地去想象最坏的后果。比如考试落榜了怎么办？进裁员名单了怎么办？把活动搞砸了怎么办……尽管理性上知道这些后果发生的可能性很小，但就是忍不住会去想象，把自己代入对应的情境里，从而一直忧心忡忡，思绪不堪重负。这就叫作"灾难性想象"。它产生的原因是，为了更好地趋利避害，大脑被塑造得对危险远远比对收益更敏感。哪怕是好坏参半的结果，大脑也会自动对坏结果赋予更高的权重，更加谨慎地对待。这就导致了大脑总会过分夸大可能到来的危险，让我们把目光聚焦在威胁上。

如何平衡和改善这种情况呢？这涉及"杏仁核-前额叶"通路的另一个部分：前额叶皮质。

前额叶皮质是大脑皮质中至关重要的一部分，顾名思义，它位于额叶的最前部，大致在额头的位置，主要负责决策、计划、抽象思考、推理和策略等高级功能。在这些功能中，有一个非常基础、重要的功能：抑制。前额叶皮质相当于整个大脑的调度中心，它能够抑制我们各种各样的念头、冲动和行为，让我们冷静下来，为理性思考留出空间，避免被自己的冲动和天性所支配。

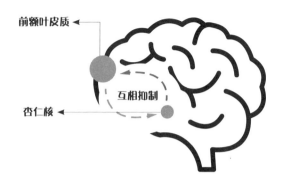

图2-1

　　为什么喝酒会令人神志不清、做出种种荒诞无稽的事情？原因就在于酒精抑制了前额叶的活跃，从而削弱了前额叶对全脑的抑制功能，使得我们被动物性所支配。

　　在"杏仁核－前额叶"通路中，前额叶与杏仁核是互相抑制、动态平衡的关系。当杏仁核活跃的时候，它会暂时抑制前额叶皮质，获得大脑的掌控权。于是这时，我们会感到脑子一片空白，内心完全被恐惧攫住，六神无主，满脑子里只有"怎么办"。而当我们冷静下来，用理性去考虑问题时，前额叶就会被激活，它会反过来抑制杏仁核的活动，让我们能够重新客观、冷静地审视问题，发现自己先前的荒诞和可笑。从而帮我们清空思绪，有更多的空间去筹划和思考解决方案。

　　因此，有些人特别容易受负面情绪的侵扰，其中一个非常重要的原因就是他们的杏仁核太强大、太活跃，而前额叶又比较弱，锻炼得比较少，从而无法彻底"镇住"杏仁核。对应这一问题的方法就是锻炼我们的前额叶，让它具备更高的优先级，能够在需要的时候优先被激活，进而抑制杏仁核的活动，让我们从情绪主导切换成理性主导，为大脑腾出思考的空间。

第一章讲过，大脑是用进废退的。要锻炼前额叶，最好的方法就是多去使用它。多去面对新的场景，思考新的问题，充分调动前额叶的功能，去计算、筹划、分析，让大脑养成习惯，遇到问题首先激活前额叶，让前额叶主导判断和行为。

对此，一个方法是不要停留在自己熟悉的生活模式里，而是多走出去，获取更丰富的经历。新鲜的场景和经历是激活前额叶的有效方式，可以强化大脑做出判断和计划的能力；另一个方法是多去进行深度阅读和思考，这同样可以激活前额叶，锻炼综合处理信息的能力。

小结一下。愤怒、恐惧、焦虑三种情绪的生理基础都与"杏仁核-前额叶"通路密切相关。杏仁核和前额叶是互相抑制、此消彼长的关系，锻炼我们的前额叶，可以有效抑制杏仁核的活跃，从而减少负面情绪的困扰。

掌控情绪的四种武器

情绪并不是事实

要想克服情绪的困扰，首先要理解一点：情绪并不是事实。

情绪其实是内心的一种投射。受到情绪的侵扰，意味着内心深处担心或者在意某件事情。情绪只是接收到了这个信息，并忠实地在外部事件里寻找跟它对应的细节，然后把这些细节放大，再回馈给你。

很多时候并不存在一个真实的"困境"，把你吓倒的只是某件事在你心上投射而成的巨大阴影。只有接受了这一点，你才能在负面情绪袭来的时候，保持冷静和清醒，对情绪按下"暂停键"，方便后面进一步去处理。

可以按照下面这套步骤，训练自己对于情绪的第一反应。

1. 把情绪当成一个顾问，它总是兢兢业业地搜集周围的信息，时刻准备向你提出警告。当你产生某种情绪时，就意味着它在告诉你：你存在某种弱点和缺陷，而现在发生的事情，正好命中了你的弱点，你需要去正视它。比如，当你愤怒时，就意味着有某件事情超出了你的掌控，对你造成了威胁。那么，你对于这种掌控的渴望和需求是合理的吗？这就是一个检验的好机会。当你恐惧时，就意味着某件事情唤醒了你内心深处的阴影，让你想避开它、逃离它。那么，你内心深处一直担忧的这个东西是什么？为什么你会在意它、害怕它？

假如，你在会议上提出了自己的观点，但有一个人一直在跟你唱反调，让你非常愤怒。这个时候你就可以想一想：我之所以会生气，是因为我坚信我是对的，他是错的，但果真如此吗？有没有可能别人的观点也是正确的，只是他跟你看待的角度和重点不同？从这个角度看，愤怒其实恰好是一个让你去发现自己不足的契机。

再假如，你有社交恐惧症，特别担心别人不喜欢你、对你留下不好的印象。那么，当你与别人交流并感到恐惧时，就可以想一想：为什么我那么担心别人不喜欢我？被别人讨厌、不喜欢真的有那么严重吗？是什么经历或感受塑造了我的这种恐惧？这同样是一个挖掘内心的好机会。

这一步的关键在于，你并非一定要从情绪中获得什么，而是通过这种方式，把目光从外在事件转移到内在感受上，从现状中跳脱出来，从第三方的视角观察和剖析自己。这可以帮助你避开情绪的持续侵扰，留出理性思考的空间。

2. 情绪这个顾问有点一根筋，很容易把一点风吹草动当成危险的征兆，事无巨细地向你汇报。你不妨听听它的意见，但不能全盘接受，而是把它当成信息的渠道之一，然后综合从其他渠道获得的信息，再去做判断。

举个例子。心理学家博克维茨（Thomas Borkovec）等人在1999年的一项研究中发现：

在所有我们担心的事情里面，大约85%的事情从来没有发生过；

如果我们担心的事情发生了，大约79%的结果比自己预想的要好很多；

那些能够放下焦虑的人，比一直紧张、担心的人状态更佳，同时也会发挥出更好的实力去处理真正面临的问题。

也就是说，在我们的"情绪顾问"给我们汇报的所有问题里，绝大多数问题压根就不会发生；即使发生了，也基本不会造成什么影响。我们为这些事情耗费的精力，耽误的时间，造成的内耗，很可能都是白费功夫。你真正要做的是让自己保持良好的状态，不断地强化心态，以便于当那3%[1]的问题真正发生时，能够更好地去处理，而不是把注意力停留在那毫无意义的97%上。

3. 最后，当你从情绪中抽离出来后，就可以平静地听取它的警告和意见，然后告诉它："我知道了，你退下吧。"牢记这八个字，这会是你与情绪和解、掌控自己大脑的有效方式。

决策的权力永远在你自己手上。情绪可以为你提供建议和参考，但不能替代你去做出判断和行动，最终的决策者应该是你自己的理性。

1　担心的事情中有 15% 发生，有 21% 变得更坏，15% 乘以 21% 约等于 3%。

认知重构

心理学的认知行为疗法中，有一个非常经典的理论叫作"情绪ABC理论"。它把我们对事物态度的成因分成三种，分别是：外界事件（Activating event），信念（Belief）和情绪反应（Consequence）。这一理论的核心内涵是：情绪的产生并不是必然的。我们依据已有的信念，对外界事件进行解读，从而产生对应的情绪反应。如果我们的信念发生改变，那么产生的情绪也会随之改变。

什么叫信念呢？简单来说，就是我们内心深处那些长期形成的、默认为真的假设。它们构成了我们对这个世界的认知和理解，是我们思考问题的框架。举个例子：你跟跨部门的同事对接，对方说："你怎么做成这样？算了，我自己弄吧，你别添乱了。"乍一听见这样的话，你会有什么反应？通常都会感到生气。你会觉得他说话这么不客气，一定是在贬低你，对你有恶意。那么，这种信念就会把情绪导向愤怒、冲突、攻击性。但假如换一种情况，你对他已经很熟悉了，知道他就是这样的人，平时说话非常冲，但内心没有恶意，只是不懂得表达而已。你还会那么生气吗？很可能不会了。

在这两种情况里，外部事件没有任何变化，变化的是我们的信念，情绪却全然不同了。所以外部事件本身并不是最重要的，脑中的信念如何解读它，才是我们要关注的重点。通过有意识的训练，调整自己的信念，把它从会引起负面情绪的消极信念，替换成不会引发波澜的积极信念。这就叫作认知重构，也是情绪管理和控制中最有效的方法之一。

可以按照下面这个步骤，有意识地进行认知重构训练。

1. 每当你产生负面情绪之后，向内剖析引发自己产生情绪的外部事件是什么？你是如何解读它的？内心深处的信念是什么？（这一部分，可以参考上一小节"情绪并不是事实"里面的第一步，两者是相辅相成的。）

2. 找出内在的信念之后，试着换一个更好的信念去修正它。问自己它有没有另外一种可能性？如果事情是这样，而不是我最初理解的那样，是否能够成立？

比如，当你坚信的观点被别人反驳时，你可能会火冒三丈，为什么呢？很可能是因为这样一个信念："我相信的事情就是真实的，是不容置疑的，质疑它的人一定别有用心，因此他是我的敌人。"

但是，如果你把这个信念调整一下，变成："我相信的事情只是真理的一个侧面，别人跟我有不同观点，只是看到了另一个侧面而已。"那么，当别人再次反驳、质疑你时，你就不容易生气，甚至会感到开心，因为可以有机会"补全"另一个侧面来让自己的观点变得更全面、更准确。

3. 上述做法不一定会立刻奏效，但没关系，慢慢来。正如第一章所说的，大脑是一个贝叶斯机器。我们每一次做出的判断和选择，都是在对它进行调整和训练。每当你有意识地去控制自己的信念，就相当于使大脑的"直觉反应"又向着更理性、更冷静的那一端靠近了一点点。久而久之，你就能够更有效地控制自己的大脑，避免被下意识的情绪反应所左右。

表达性写作

表达性写作就是记录下自己的心情、感受和想法。不需要非常富有逻辑，也不需要思考文字、修辞、遣词造句，只要把心里想说的话吐露出来就可以。

不要觉得这只是一件小事，实际上，有非常多的研究发现，它在减轻焦虑和压力、为大脑"卸下重负"方面，有着举足轻重的作用。

表达性写作并不需要很严肃，因为你不是写给别人看的，而是写给自己看的。把心里的想法记录下来就可以。把担心的东西，焦虑的东西，烦恼的东西，一股脑地写下来，哪怕只是简简单单把问题一条条罗列出来也能见效。

写作的时间不需要太长，每次15~30分钟就可以，频率可以按照自己的实际情况来，从每天一次到每周一次都行。

书写的内容可以分为这三类：

- 书写让自己感到焦虑和烦躁的事情，真实地抒发对它们的感受和想法。这有利于摆脱这种负面情绪。
- 记录下"今天我最感恩的事"。这可以非常有效地减少压力、改善情绪状态、提升幸福感。
- 做情绪日记，分析自己产生的情绪，思考面对情绪时自己的应对方式，这可以帮助我们掌控情绪。

下面分享我自己总结的一套"情绪日记"模板：

1. 我产生了一种什么样的情绪？它有多强烈？

试着给它命名和分类。比如：悲伤，焦虑，紧张，沮丧，烦躁……然后给它从 1-10 打分。注意，要尽量回忆起当时的感受，用产生情绪时的剧烈程度来打分。

2. 是什么使得我产生这样的情绪？

参考上一小节"认知重构"的第二步，把引发你负面情绪的外部事件和信念解读写下来。注意，这一步要尽量直面自己的内心，哪怕很难以启齿也没关系，要真诚地袒露自己。

3. 我有什么样的感觉？我想做什么？

试着描述我身体上所感受到的变化，以及我做出或想做的行为。比如：心跳加速，手心出汗，精神无法集中，脑海里总是闪过不好的后果，一遍遍地反复去想对应的画面……

4. 有哪些支持我想法的证据？有哪些反驳我想法的证据？

分别列出支持和反驳自己第一反应的证据。可以是你观察、注意到的细节，可以是你事后去确认的信息，也可以是你脑海中能够想到的其他可能性和迹象。

5. 如果是我的好朋友遇到这件事，我会对他说什么？

试着给你幻想中的朋友写一段简短的安慰语。这可以帮助你改变视角，从心理上拉开跟负面情绪的距离，从而更客观地审视你的反应。

6. 经过了这段时间和思考，如果让我重新给当时的情绪程度打分，我会打几分？

如果你的打分和第 1 步里面的打分有所不同，那么就可以问问自己：为什么会存在这样的不同？我当时的第一反应是不是有点过于敏感了？让自己意识到：绝大多数时候，其实都是自己把问题想严重了。

7. 下次遇到类似的事情时，我可以做些什么？

这里可以填上你给自己的小提示，比如：询问对方自己是否正确理解了他的意思；在心里默念"这只是一个误会"……诸如此类。

这一点主要是方便给大脑一个"脚手架"，当下一次遇到类似的场景时，大脑可以有一个能够依赖的反应，而不是按照原本的直觉反应去应对。

这就是一个比较完整的情绪日记流程。一开始可以简单一点，用一两句话，甚至几个词去记录，这样一次下来只需要几分钟。慢慢地等熟练了，可以再做得详细一些。

重点在于通过这种方式，培养起用理性去思考和分析情绪的习惯，让情绪成为一种可控的因素，而不是任由它成为主宰你思维的主人。

内隐自我

我们之所以容易受到情绪的侵袭，除了对未知的威胁和挑战过度夸大，造成不必要的担忧和恐惧之外，另一方面原因在于对自己的能力不够自信。生活中的威胁容易唤起自己失败和挫折的回忆，从而难以鼓起勇气去克服困难。

除了通过前面三种方法对情绪进行控制，我们也可以通过一些方法来有效地提升自信——也就是强化我们的"内隐自我"。

内隐自我简单来说就是针对某一类场景，"我"过往的种种感受、记忆和经验共同构成的"我能做什么""我擅长什么"的内在暗示和体验。如果你的内隐自我里面充斥着失败和挫折的感受，那么，当你面对新的、相似的场景时，它们就会唤起你不愉快的记忆，从而调动起你的情绪反应，让你下意识地选择排斥、逃避和恐惧。

所以，一个好的方式是在平时的生活中不断地去丰富、充实和强化内隐自我，让它充满更多的正面信息。一个简单易行的做法是定期记录下一段时间里面，我"做对了什么"。记录的过程要尽量详细，最好能够把自己面对的场景、采取的行动，以及良好的反馈都记录下来。

比如某天和朋友聊天，他向我吐槽了最近生活中的一些烦恼，我敏锐地注意到，这些事情的背后折射出他对自己的不够满意，于是我从这方面出发，给了他一些鼓励和肯定，让他心情好转起来。这件事让我发现，我在关注他人的言外之意和内心感受上，似乎还是挺细腻的。

再比如某天和同事发生争执，她提出了一个主张，但我发现这个主张和团队的目标其实并不一致，于是我构思了一下，用尽量有力、精准的逻辑试图和她沟通，最终成功地说服了她。这让我发现，我对团队的目标和方向还是很清晰的，同时我用逻辑证明自己主张的能力还是挺不错的。

类似这样，在生活中不断积累细节，告诉自己"我在某方面是有专长的""我是可以取得理想结果的"，久而久之，你就可以积累下大量的、应对不同情境的正面信息。

另一个做法是在生活中多去主动地、有意识地寻求问题，并自己做出选择，把它解决掉。小到决定"去哪里吃饭""今晚做什么"，大到决定一个提案、一个汇报、一次挑战……尽量不要犹豫和求助别人，而是跟随内心，让自己作出决策，并坚决去落实行动。

如果你总是把一件事情丢给别人决定，或是总是拖延，直到没有余地时才做决定，那么它就会潜移默化地强化"我无法做出决策"的信念，降低你的自我效能感，以及面对威胁时的抵抗力。但反过来，如果你能够做到靠自己的力量果断地做出决策，哪怕结果并不是最好的，也能在潜意识中强化你的内隐自我，让你感受到：我是有能力做出决策的，我是有能力决定和改变外在世界的。那么，当你再次遇到困难和挑战时，当你的内心再一次进入"我究竟能不能做好"的负面情绪时，这些正面信息和内隐自我，就会成为你对抗这种心态的"弹药支撑"，为你源源不断地提供动力。

七个日常练习，提高情绪免疫力

　　本章最后分享一些在日常生活中对情绪控制有帮助的小习惯，不妨试一试把它们落实到每天的生活中，作为对大脑的一种训练。久而久之，你逐渐会发现自己对情绪的掌控和引导能力，在不知不觉中提高了。

焦虑箱

　　每天选择一个时间段，安排大约15~30分钟来处理一切令你焦虑的问题。这个时间段就是你的"焦虑箱"。你可以把它安排到一天中任意一个时段，比如午休或傍晚，只要不会影响你的工作和休息即可。选定之后就固定下来，不要改动。

　　在这个时间段之外，当你产生任何焦虑和担忧时，都先不要去想它们，而是把它们快速记下来，并告诉自己："现在不是该焦虑的时候，我先记下来，等到点再去考虑。"

到时之后如何处理这些焦虑呢？不妨把它们记录在一张表格里面，左边一栏写你焦虑的问题，右边一栏写它的结果：它是否真的发生了？对我造成的影响是什么？这样一来，你会发现：绝大多数你所焦虑、担心的问题，压根就不会发生。因此，这张左边写得密密麻麻而右边几乎完全空白的表格本身就能给你安慰和勇气。甚至当你回过头去看你之前焦虑的问题，会觉得自己为什么那么傻，为什么那么容易杞人忧天？以后在面对恐惧和焦虑时，你就能有更充足的勇气去对抗。

后花园

想办法为自己找到一个心灵的"后花园"。也就是培养一个兴趣爱好，把它作为一种休息和放松的方式。这个爱好最好是你感兴趣，愿意投入时间去动手创作的。要与主业区分开来，同时也是你做得不错的。满足越多条件越好。

举几个例子。

如果你喜欢读小说、看故事，不妨试着学习一下文学创作，动手写一点故事；

如果你喜欢钻研工具和工作流，不妨动手学一下编程，给自己写一些插件或脚本；

如果你喜欢与人交流，不妨试着运营一个账号，分享一些感兴趣的内容，或是做一个社群，聚集志同道合的人互相交流；

如果你有旺盛的好奇心，不妨试着多涉猎几个不同的领域，学习一些可以拓展眼界的知识；

如果你喜欢做手工，不妨学一学制作咖啡、烹饪、烘焙、刺绣……

当你从某些活动中获取幸福感和成就感时，你脑内的腹侧纹状体会被激活，从而抑制杏仁核，降低皮质醇分泌，降低应激反应。这可以非常有效地提高你对负面情绪的"免疫力"，让自己保持更好的状态，去应对生活中的种种问题。

如果你目前还没有一个能够依赖的"后花园"，不妨花一点时间去探索世界，接触一些平时被忽略的事情，从中找到可以去尝试的方向。这会是你对抗压力和负面情绪的有力支撑。

社交

人是社会性的动物。我们总是可以从社会关系中汲取力量，获得疗愈。许多研究表明：长时间的社交隔离会对大脑造成不可逆的损害；反之，建立正向的、积极的社交联系，可以有效抵消个体的负面情绪和压力，为生活提供动力。

如果有条件，进行线下的社交是最好的，因为它可以充分调动你的前额叶皮质，让它始终保持活跃，使它变得更发达。但如果不方便，进行线上社交也能起到一定作用。

社交最简单的方式就是多与朋友交流。聊一聊近况，聊一聊彼此的生活、工作，聊一聊最近看了什么有趣的书和电影，做了什么有趣的事情，分享一下彼此的成果、进展，以及生活中其他令人开心的事情。

另一种方式是跟朋友们一起做一些同步的活动。如：

一起读同一本书，然后定期交流想法和心得；

一起在线上针对一个话题进行交流，然后做成播客；

一起玩一玩线上游戏，最好是需要动脑思考、动嘴交流的游戏；

一起跟着同一个教程学技能、做手工，然后一起分享和交流……

同样，当你遭遇负面情绪时，不要全部压在自己心上。不妨拿起笔，列出愿意聆听你、帮助你、支持你的人，想一想，如果真的发生你不愿见到的后果，可以向哪些人求助？他们可以帮到你什么？可能对你说些什么样的话？会如何陪伴你、鼓励你？这些都可以成为你在逆境中的力量和支撑。

阳光

如果有机会，不妨离开房间，走出去，到阳光下散散步、看看风景。这可以非常有效地促进血清素的分泌。而血清素是与情绪关联最密切的神经递质。稳定、充足的血清素水平，可以令我们心情平和、安详，不容易受到外界影响。

为什么很多人容易在秋冬季节感到抑郁和伤感？很重要的一个原因就是：秋冬季节光照时间短、亮度低，无法为人体提供足够的阳光，而根据澳大利亚 Baker Heart and Diabetes 研究所的克里斯腾

（Kristen Boschwa）的报道，大脑产生血清素的比率与阳光照射的有效时间直接相关。这个现象，在学界被称为"季节性情绪失调"，跟我们常说的"悲秋"颇有相似之处。

研究发现，夜型人整体的情绪状况比晨型人会更差一些。原因也是夜型人接收光照的时间较短，血清素难以维持足够的水平。

现在许多企业管理研究也开始重视这一点，并始倡导企业营造出更好的办公环境，提供更多的光照，以改善员工的心情和心理健康。当然，最好的方式还是出门到阳光下散步（注意做好防晒）。这可能是改善身心健康门槛最低、性价比最高的方式。

睡眠

如果你容易受到负面情绪的侵扰，那最需要避免的就是熬夜。

一方面，人在晚上往往更容易情绪化。因为夜晚会关闭外界的信息通道，这时，我们更容易采用内在的信息通道，于是白天被抑制和忽略的杂念更容易涌上心头，不断袭击我们的神经。在这个情况下，你内心深处的焦虑、担心、无力、伤感……特别容易被放大，在心上投下一片巨大的阴影，将你吞噬其中。

另一方面，如果睡眠不足，大脑的供血和供氧会受影响，前额叶的活动进一步受到抑制，杏仁核就会更加活跃。结果就是，我们更容易冲动、愤怒、情绪失控，让情绪主宰我们的大脑，做出种种不理智的事情和反应。

再者，如果你睡得太晚，那么你会度过更短的白天，这也就意味着接受更少的光照，不利于合成血清素。

因此，我们要尽量养成一个稳定、健康的作息，保持充足的睡眠。用稳定去打败不确定性。

锻炼

神经科学家安东尼奥·达马西奥（Antonio Damasio）认为：我们的身体会不断综合肌肉和骨骼的状态，获取全身运动能力的信息，这些信息会构成我们对"自己能做什么"的内在认知。而这种内在认知，会在很大程度上影响我们的自信心和自尊心。

因此，如果一个人缺乏锻炼，导致他身体孱弱、不够健康，这种状态可能会造成压力、焦虑和低自尊——这是无法通过思考和心理的调整来弥补的。可以说，身体状态决定了你心理状态的上限。一个具备更佳身体状态的人，在面对压力和挑战时，总是能够比一个状态不佳的人拥有更强的主动性、进取心、自信心，以及毫不懈怠的毅力。

关注自己的身体状态，每天通过适当的饮食、作息和锻炼来不断优化它，与此同时，多开启你的感官，去感受自己身体的变化，感受自己变得更加轻盈、更加敏捷、更加强壮。这可以不断提高你的自信，让你有更充足的勇气去对抗负面情绪。

阅读和思考

最后一个训练，就是去培养阅读的习惯，多去摄入更复杂、更系统化的信息，并动脑去思考。

前面讲过，控制情绪需要强化我们的前额叶功能。那么，如何强化它呢？大脑是严格遵守"用进废退"原则的。你用得越多的部分，神经元的链接就会越密集、越丰富，从而整体上变得越发达。在日常生活中，最简单有效的前额叶训练方式就是阅读和思考。每当你把注意力集中在某个问题上进行专注思考时，就是在调用你的前额叶。

你需要沉下心来去专注的场景越多，需要面对的复杂问题越多，需要绞尽脑汁去思考和应对的情况越多，前额叶皮质就会越发达。

总之，让自己变得更强大，就是应对负面情绪的最好方式。

本 章 复 盘

这一章，我们探讨了情绪的本质和起源。情绪是大脑预装的"报警器"，它可以帮助我们快速地应对各种各样的情境，更好地生存下来。

这其中对我们影响最大的愤怒、恐惧和焦虑三种情绪，都与"杏仁核－前额叶"通路密切相关。正是因为杏仁核的"威胁识别"功能过于敏感，才导致日常生活中，我们常常受到情绪的侵扰。

应对的方法就是通过锻炼自己的前额叶，来抑制杏仁核的过度活跃。这可以通过对情绪进行理性的分析和思考来实现，包括情绪分析、认知重构、表达性写作，以及通过强化内隐自我来提高对情绪的抵抗力。

除此之外，日常生活中也有非常多有用的习惯，可以提高我们对负面情绪的抵抗力，改善身心健康。通过日积月累，它们就能成为我们掌控情绪的支撑力量。

希望这一章，能够帮你有效地掌控自己的情绪，更加冷静和理性地应对生活中的种种问题。

第三章

自我驱动：
如何长期坚持做一件事

许多讲自律的文章，都会苦口婆心地告诉你：

你之所以不够成功，是因为不自律；

成功没有什么秘诀，只不过是别人能够坚持而已；

自律才能自由，所有的症结都是因为你懒……

他们会告诉你：你要自律，要坚持每天健身、早起、读书、写作、学英语……坚持下去，你就能走在别人的前列。各种随处可见的"晨读会""共读会""早起打卡社群""习惯训练营"也都在提醒着你：不够自律，就会被时代抛弃。

但真的是如此吗？要成为一个优秀的人，要实现自己的目标，真的必须靠"自律"去实现吗？

这一章，我会向你剖析"自律"的迷思，与你分享，如何能不依靠逼迫自己而改变坏习惯，如何把自律转化为"自驱"，实现真正的改变。

做不到自律？这不是你的问题

我想，你可能也有过这样的经历。

看到一个"早起打卡"活动，兴冲冲地加入了。之后每天睡眼惺忪起来关闹钟、打卡、做运动，强迫自己进入清醒状态。一个月过去，活动结束，一切又回到原样，晚上熬夜，早上起不来床。

看到一个"每天一篇千字文"活动，觉得很有意义。于是报了名，每天下班后吭哧吭哧地写，哪怕没有灵感也要东拉西扯地写。一个月过去了，心里悄悄松了一口气：终于不用写了，解脱了。

看到一个"100天打败拖延症"活动……

这些活动都很好，承诺的结果都很有价值，但它们真的有效吗？

其实，如果一件事情必须让你逼着自己才能去做，那为什么要做呢？

一件事情，大脑从中感受到乐趣，就会倾向于去做；从中感受到痛苦，就会倾向于逃避——这是我们的本能。从这个角度上讲，自律其实是一个伪概念。因为与自己的大脑相对抗，凡事都逆着它的本能来，其实是没有用的，这只会使你不断停留在内耗中，不断陷入自我怀疑和自我否定。

过度追捧自律，很容易导致一个结果：认为自己现在做得不好，本质原因是"不够自律"，从而对自己产生负面评价，觉得自己什么都做不好。久而久之，你很容易变得心灰意冷，愈发感到沮丧，愈发讨厌这个"不够自律"的自己。但其实某件事你坚持不下去，并不仅是因为不够自律；别人能够成功，也并不仅因为他比你更自律。停留在"我不够好"这样的观念里，只会为自己带来阻力，更加难以付诸行动去改变。

如果你也一直被这样的观念所困扰，请允许我给你一个拥抱。我想告诉你：这不是你的错。强迫大脑去做它不习惯、不适应、感到痛苦的事，本来就是一种低效的行为。如果做不到，绝不意味着你不够好，而是因为这个方法错了。

事实上，能够长期坚持良好习惯的人，绝大多数都不是通过逼迫自己来做到自律，而是因势利导，引导自己的大脑按照正确的计划和方向去行动。推动他们的不是"我必须如何"的自律，而是"我可以做到什么"的自驱。好的习惯永远都不需要刻意去坚持，更不需要虚无缥缈的自律——我们应该让习惯来适应我们，而不是我们去适应它。

那么，通常所说的自律，问题究竟出在哪里呢？我们可以从意志力入手，来探讨它的本质和作用机制。

在一般的理解中，自律的本质是意志力。许多人认为，坚持一个好习惯是非常消耗意志力的事情，而正常人的意志力又是一种有限的资源，因此必须通过一些方式，不断地锻炼自己的意志力和自控力，把意志力锤炼得像钢铁一样坚硬，才能抵抗懒惰和外界的诱惑，拥有高度的行动力。如果你做不到这一点，那么你就是一个意志力薄弱的人，总是很容易屈服于短期的反馈和回报，做什么事情都很难成功。

这种对"自律"的理解似乎也为我们找到了一个非常好的借口。比如，正是因为我缺乏意志力，所以，

每当我制订了减肥计划，却总是抵抗不住碳水的诱惑；

每当我想好好健身、锻炼，却总是三天打鱼、两天晒网；

明明知道时间宝贵，该好好利用起来，却总是会忍不住去追剧、打游戏、刷手机；

每当我给自己定下严格的学习计划，却总是坚持了几天就懈怠了，没办法持续下去……

我们可以把这些问题归咎于意志力，给自己打上"意志力薄弱"的标签，给"懒惰"和"懈怠"一个解释。

可事实真的是这样吗？让我们把时针往回拨一点。

"意志力"这一概念的提出可以追溯到1970年前后，斯坦福大学沃尔特·米歇尔（Walter Mischel）博士的棉花糖实验。他把一群孩子留在一个小房间里，每个人发一个棉花糖，告诉他们：棉花糖可以吃。但如果你等待15分钟，就可以得到两个棉花糖。如果抵制不了诱惑，把手上的糖吃掉，你就什么也得不到了。实验的结果是：那些等待研究者回来的孩子们，在今后的人生中，包括人际关系、SAT考试、同学评价等方面的表现均优于吃掉棉花糖的孩子。

米歇尔认为，那些能够等待研究者回来的孩子，拥有更强的意志力，他称之为"延迟满足"的能力。因此，他们抵抗诱惑的能力更强，长大之后在社会上取得成就的可能性也会更大。

1998年，心理学大师鲍迈斯特（Roy F. Baumeister）在延迟满足概念的基础上，系统发展了关于意志力的理论，提出了一个"自我损

耗假说"。他声称，

1. 意志力是一种心理资源，你每使用一点，它就会消耗一点；

2. 它的生理基础是糖分，喝一杯加了糖的柠檬水，就能快速有效补充意志力；

3. 它就像肌肉一样，可以通过锻炼来加强。经常训练它，就可以提高你的意志力。

鲍迈斯特是如何总结出这个理论的呢？在一系列实验中他发现，人们解决问题的能力，似乎整体上遵循着一种"守恒"的规律。他让AB两组实验参与者同时解决一个复杂的任务。但在开始之前，他先让A组的参与者回答一系列困难的题目，让B组参与者回答一系列较为简单的题目。结果发现：经历了困难题目"洗礼"的A组，在解决新任务的速度和效果上普遍不如B组。

因此他认为，这背后必定存在着某种属性，决定着我们在处理问题的时候能够发挥出的实力。这种属性是有限的、守恒的，你在前一个任务中把它用掉了，在后一个任务中就不够用了。

鲍迈斯特进一步推测，这种能力与使人们克服诱惑、保持注意力的集中、聚焦目标的能力是同一种能力，也就是传统所说的"意志力"。为了验证这一点，他又设计了一系列实验。在这些实验中，A组在处理一系列复杂任务之前，需要先经历一个考验：他们需要拒绝掉眼前甜美可口、散发着诱人香味的小饼干的诱惑。结果发现：需要拒绝饼干诱惑的A组，完成任务的表现普遍不如B组。

于是，他提出了关于意志力的基本理论，也就是上述三条结论。简单来说就是，一旦一个人用完了意志力，就会出现"自我损耗"，使得自身处理问题的能力下降，难以保持注意力集中，难以坚持完成计划……

这个理论看上去实在太简洁、太美妙，又与我们的常识相契合。因此，自我损耗理论被提出之后立刻风靡全球，被无数人奉为圭臬。说它是21世纪初影响力最大的心理学理论也不为过。

在2000至2010这十年间，"意志力""自控力""自律"这几个词传播甚广，许多人都认为自己找到了成功的秘诀，那就是锻炼自己的意志力。一个人的意志力越强，就越能够抵抗短期反馈的诱惑，沉下心去做更长期、更有价值的事情，克服更加困难的挑战，从而每一天都能够有充足的进步。这种思维方式非常符合中国的传统文化。人们普遍相信努力可以改变一切，如果一件事的结果不好，那就是由于一个人不够努力。

但是，为什么说这个理论只风靡到2010年呢？因为在21世纪的第二个十年里，对这个理论的反对声开始涌现。

意志力真的存在吗？

意志力无限模型

比较早质疑自我损耗理论的是迈阿密大学的博士埃文·卡特（Evan C. Carter）。

卡特在研究起步阶段想把自我损耗理论作为他的研究方向，但经过多次实验，无论如何都无法得到和鲍迈斯特同样的结论。于是，他和导师重新审视过往关于自我损耗理论的研究。他们惊讶地发现，这些研究或多或少都存在问题，得出的结论并不够有说服力。

于是，从2013年到2015年，卡特和他的团队一连发表了三篇论文，指出他们无法复现鲍迈斯特的成果。并且通过对过往研究的全面审视和分析，他们发现支持自我损耗理论的证据非常薄弱，经不起仔细推敲。

与此同时，其他心理学家也开始对自我损耗理论提出质疑。比如

2012年的一项研究发现：让参与者用含糖饮料漱口而不喝下去，也能提高他们完成任务的表现。这一研究质疑了"意志力的基础是糖分"的观点。

这一系列论文引起了轰动。于是，美国心理科学协会立刻作出反应。2014年，在该协会的牵头下，心理学界做了一项包含了全球23个实验室的大规模实验，使用更科学、更严谨的操作方式，试图重新验证鲍迈斯特的意志力和自我损耗理论。从该机构2016年发表的论文可知，新的实验结果发现，自我损耗效应几乎不存在。

这些研究都经过了鲍迈斯特本人的指导，用了更加严谨的实验方式，但结果却无情地批驳了他自己的观点。这可能是心理学界近20年以来比较大的一次"翻车"。从新的实验结果可以推断，鲍迈斯特的理论很可能是错的。它被广泛接受，很可能只是因为大众觉得"它看上去很正确"而已。

那么，如果说鲍迈斯特是错的，意志力究竟又是怎么一回事呢？

2010年，心理学家卡罗尔·德韦克（Carol S.Dweck）和她的同事再次重复了鲍迈斯特的实验。不同的是，这次他们把A组分成了A1和A2两个小组。分组的方式是这样：他们事先询问了A组的参与者："你相信意志力是有限的吗？"随后，把回答"相信"的人员分配到A1组，把回答"不相信"的人分配到A2组。

实验过程中，德韦克让A组与B组共同先回答一系列困难题目，再处理一个复杂任务。结果发现：不相信意志力有限的A2组，处理复杂任务的速度和质量跟B组没有差别，两者都显著优于A1组。

进一步的研究发现，即使是对于那些相信意志力有限的人，如果给他们呈现一些材料，暗示他们"意志力是无限的"——比如"当我聚精会神解决问题时，我感到充满活力"这样的句子，他们的表现也会有显著的提升。

也就是说：只要你相信意志力是无限的，那么对你而言，意志力就是无限的。这说明什么呢？所谓的意志力，很可能并不真实存在——只是你对自己的心理暗示而已。正因为我们相信"意志力是有限的"，才会表现出"有限的意志力"，让自己心安理得地放弃思考，屈服于眼前的休息、娱乐、即时满足……

不过，鲍迈斯特本人并不这么认为。他在2016年修正了自己的观点，认为意志力确实是有限的，只不过在大多数情况下，并不是因为意志力的耗竭让我们感到疲惫，而是因为我们认为"意志力即将耗尽"从而感到疲惫。只要我们不这样想，就可以一直使用意志力，去获得更佳的表现，直到它真正地被耗尽。这一点也可以用第一章里提到的"预测原理"来解释：重点不是我们实际还有多少意志力，而是大脑对这一点的预测。正是因为大脑预测自己还有意志力，才不会表现出"自我损耗"。

从我的角度来看，这个解释其实和"意志力实际上是无限的，只要你不认为它有限，你就可以一直使用意志力"没有根本性的差别。

对延迟满足的批判

与此同时，作为自我损耗理论的基础，延迟满足理论也受到了一些质疑和批评。

一系列对棉花糖实验的复现发现：改变一些变量（比如是否对研究人员存在信任），实验结果就会改变。看似"延迟满足"能力较低的孩子，实际上可能是因为对研究人员不够信任。也就是说，我们一直所推崇的"延迟满足"，很可能只是建立在对这个世界的信任基础上的某种结果而已。

2018年，纽约大学助理教授泰勒（Tyler watts）的研究再次对棉花糖实验进行了全面的审视，发现了几个结果。

1. 孩子4岁时所表现出来的延迟满足能力，与他们15岁时的学业成绩的确存在一定的相关性。但是这种相关性只有原版棉花糖实验的一半，而且在控制了家庭背景、早期认知能力和环境影响之后，这一效应下降了2/3。

2. 15岁之后，孩子的延迟满足能力与他们的行为结果之间几乎没有相关性，没有统计学上的关联。

为什么会有这样的差异呢？我的看法是：这与孩子前额叶皮质的发育有关。前面讲过，抑制自己去做某事的冲动的能力主要受前额叶皮质控制，而前额叶皮质在青少年阶段是在不断发育的。幼年的时候，大家的前额叶皮质发育程度可能存在一些差异，因此在行为控制上会有所不同。而十几岁之后，大家的发育程度就比较接近了[1]。

总而言之，被普遍认可的"延迟满足可以让一个人变得更优秀"的观点很可能是错的，延迟满足并不是一个人成功的原因。个人成长是两方面因素共同作用的结果，一是对环境和外部世界的信任，二是

1　要注意的是，发育程度接近并不意味着发育完善，前额叶皮质一直要到25~30岁才彻底发育完善。

良好的认知能力。也就是说，一个人表现出更强的延迟满足能力与拥有更杰出的成就，这两者都是那个人成长环境良好且得到足够关爱的结果。它们本身并没有因果关系，只是二者常常同时出现，所以一直被误认为它们存在因果关系罢了。

因此，许多家长着眼于锻炼孩子的意志力、培养孩子延迟满足的能力，但正是这个培养的过程，会对孩子造成额外的压力，反过来降低孩子的幸福感，损害孩子成长过程中的大脑发育，而这才是对孩子造成负面影响的更大风险。

给孩子过多的压力，让他生活在你追我赶的"内卷"之中；

过度地压制孩子娱乐、休闲的需求，认为这些都不重要；

总是在拖延和推迟对孩子的承诺，让他一次次满怀期望又失望……

以上这些行为从表面上看都是为了孩子好，让孩子为更长远的利益放弃眼前的小利。但是，很可能会反过来加重孩子的压力，造成更长远的恶劣影响。

如何看待意志力？

迄今为止，学术界虽然还有一些争论，但越来越多的人倾向于认为意志力是一个不必要的东西，我们没有证据表明它存在，更没有证据表明它是有限的，会对我们造成影响。

我的观点也是一样的。既然比起认定意志力有限，相信意志力无限对我们更有用，并且也得到了更多研究的支撑，那么为何不相信它呢？我建议你试着告诉自己：我的意志力是无限的，只要我想去做，就能够做到。

乔布（V. Job）等人在2010年及贝内克（Katharina Bernecker）等人在2013年的研究中均发现，抱着这种信念的人，表现普遍更佳，也会有更强的幸福感。甚至，当一个人完成一个艰难的任务后，再面对一个新任务，如果坚信意志力是"越用越多"，就会有更好的表现，这被称为"反向自我损耗"效应。其原理很简单，如果一个人认为意志力是有限的，那么他就更容易有放弃的理由——他会把放弃这件事归咎于自己缺乏意志力，进而因为寻找到一个解释而顺理成章地给自己的放弃一个台阶。

但问题是，当我们总是断言"我是因为缺乏意志力，所以才放弃"的时候，这种思维方式会让我们会潜移默化地认为，因为自己缺乏意志力，所以容易放弃、容易屈服、难以坚持一个行为等状态是很正常的。也会让人这样想：等我锻炼好了意志力，就可以做更多的事情了。但要等到什么时候，才算是"锻炼好了意志力"呢？

人是喜欢寻求解释的动物，总是倾向于把许多不足和缺陷，解释为自己缺乏某种特质，从而令这种不足和缺陷变得更容易被接受，避免产生认知失调。但这样做对于弥补不足和缺陷并没有实质性的帮助。

当我们用一个虚假的理由去获得解释和安慰时，往往就很容易忽略真正的问题，以及真正能够解决它的方法。反过来，如果你相信意志力无限，那么至少意味着：你对自己的自主性和自主能力，是有信心的。不论遇到什么样的困难和问题，你就不容易把它当成一种压力、一种不得不完成的任务；你会把它当成一种挑战，让自己兴奋起来：又有新的挑战可以让我大展身手，来帮我提升"经验值"了。

你会把每一次困难都当作一次提升自我的机会，从而充满激情。

所以，如果你一直以来的思维都是：终于干完今天的活了，不要再折腾，不要去做"烧脑"的事情，是时候让自己休息一下，恢复脑力……那么，不妨稍微改变一下，试试让自己接受"意志力无限"的设定，将思维转变成：终于干完今天的活了，又有一段自由支配的时间，可以去做真正想做的、重要而不紧急的事情了。这会让你的生活变得更充实，更有"获得感"。

系统优化法：把自律变成自驱

动力－阻力模型

一件事情，我们不愿意做，无非只有两个原因，要么是动力不够，要么是阻力太强。当阻力超过了动力，我们就会踟蹰不前、犹豫不决……所以真正的自律是什么？其实很简单，就是让动力超过阻力，使得自己可以始终充满激情，去做想做的事情。这也就是"自驱"。

很多人之所以能够自律，并不是他们喜欢苦行、喜欢逼迫自己，而是因为他们从中获得了乐趣。这种乐趣，可能是解决一个问题的快感，可能是成功证明了自己的成就感，可能是朝目标又近一步的愉悦感……总而言之，他们认同自己所做的事情，并能从中感受到价值。

你会发现，身边那些非常优秀的人，那些做事情又快又好，还能保持长期热情的人，基本都是这种类型。他们并不是靠意志力在逼迫自己，而是享受一次又一次"突破自己"的感觉，喜欢这种不断迎接一个又一个挑战的过程。

这种无视一切的自驱力，才是一个人制胜的秘诀。

比如，如何才能长时间学习？最有效的办法，就是从学习中找到乐趣，将学习和愉悦感链接起来。而不是靠意志力去驱动。人的天性就是发现问题、解决问题，而解决问题之后小小的成就感，又能给人以充分的反馈，不断提高动力和兴趣。

我读一本书的时候，绝不会持有"我要把这本书读完"的任务心态，而是想着"我有一个问题，这本书能解答我的疑惑"。持有前一种心态，很容易蜻蜓点水，草草翻完；持有后一种心态，哪怕一本书只精读了十分之一，也能真正把这部分内容吃透。这种心态来自一种从内在出发的动力，也就是发自内心的驱动力。从要做的事情中寻找乐趣和成就感，再通过创造外部条件来引导自己去自律。

除此之外，还有哪些因素可以成为我们的动力呢？

比如：你笃信这件事情对你将来有好处，会带来确切的回报和收获，能帮你更好地解决未来的某些问题，这也是一种动力，是一种长期的反馈；再比如：你清楚地知道，这件事情如果不去做，一定会有不好的后果。为了规避这种恶果，必须全力以赴地把它做好——这也可以是一种动力。

阻力又有哪些呢？为什么我们会产生各种各样"缺乏意志力"的状态？是什么因素在阻碍着我们去改变？

答案是：大脑的惯性。

大脑特别喜欢按照既往的路径去行事。第一章里讲过，大脑有一个底层的原理，就是稳定性。不出意外的话，大脑总是希望按照既往的路径、既往的模式去行动。任何对既往路径的改变，都是对稳定性的打破，会引起排斥和不适。

你抵制不住碳水的诱惑，是因为缺乏意志力吗？不是。是因为你突然间要求大脑换一种新的饮食习惯，大脑困惑了。你无法坚持运动、锻炼的习惯，是因为缺乏意志力吗？不是。是因为你一直以来都习惯待着不动，大脑一时间适应不了"运动"模式。你明知道时间宝贵，却还是瘫着刷手机、看视频，是因为缺乏意志力吗？不是。是因为你每一次告诉自己"好累啊，歇会吧"的时候，大脑都忠实地接收到了这条信息，并又一次强化了这种习惯。

归根结底，造成这些困境的原因是我们身边围绕着太多服务与产品，它们被设计出来的目的就是让我们"变懒"。我们不需要任何努力，就可以随时随地满足需求和欲望，从而不断强化大脑的原始需求：保持现状，待着别动。也就是说，在这个时代，当我们想动起来去改变自己，探寻一种新的、更健康的生活方式时，其实是在与我们身处的整个环境作斗争。

美国人的肥胖率在过去数十年里直线上升，传统的研究把这一问题归咎于意志力薄弱，但近些年的研究发现，即使具备"更高意志力"的人，在避免肥胖上也并不比其他人做得更好。其最核心的原因还是在美国人的生活中，充斥着各种不健康的加工食品，这导致他们极其容易变得肥胖，而保持健康则非常困难。

我们周围的环境，会反过来增强大脑的惯性，加强我们的阻力，束缚住我们的脚步。因此，如何才能变得"更自律"？最本质的方式，就是去挖掘和提高自己的动力，同时想办法减少面对的阻力。这才是有效的思维方式。

系统优化法

那么，我们该如何使用"动力-阻力"模型来实现自驱呢？

我想先跟你分享一个例子：创业。

很多人对创业的理解都是，要创业，我得有一大笔钱，要组建一个团队，要有合适的合作伙伴，完善的供应链，吭哧吭哧埋头开发一个产品，把它卖出去，投入再生产，等等。

实际上，绝大多数成功的创业都不是这样开始的。大多数创业模式是一个人先发现了某个需求，自己想办法去满足它。挣到第一桶金之后，再在这个基础上去扩充团队，引进资源。

客户太多，应对不过来，于是雇用客服，找人对接；

产品大受欢迎，需要规模化，于是找人研发；

团队做大了，需要处理法律问题，于是组建法务团队……

慢慢地，从一个人，到两三个人，再到十几个人、几十上百个人。缺什么，补什么。原有的模式不够用了，再去扩充它、优化它，一步步把它做大。

简而言之：一家公司，很多时候并不是从零开始、凭空出现的，而是先有一个极其简单的系统，已经开始运转了，再在它的基础上不断去完善、改进。因此好的公司不是"设计"出来的，而是"优化"出来的。

系统论中有一条很经典的原则，叫作盖尔定律（Gall's Law）。它讲的是同样的道理：一个运转正常的复杂系统，总是从一个运转正常的简单系统演化而来，反之亦然。一个从零开始设计的复杂系统很难发挥作用，你必须从一个简单且可行的系统开始构建。

因此，有效的自驱，既不是一蹴而就，也不是拆分目标，而是找到一个行之有效的、最简单的模式，再在这个基础上进行优化，最终让它变成你想要的样子。

很多人常犯的毛病，就是急于求成。恨不得今天学一样东西，明天就能消化吸收、内化应用。期望着有一种立刻见效的方法，让自己立刻摆脱坏习惯、改掉坏毛病是非常不现实的。真正有效的改变是渐变，而非突变，是当你回顾过去时，连自己也感到惊讶：我过去怎么会是这个样子？一切改变就发生在不知不觉间。

要实现这一点，就需要把自己看作一个系统，把你身上的每一个特征、因素、性格，都看作构成这个系统的有机要素。接纳它们的存在，去直面和理解它们。然后从中寻找薄弱点和瓶颈，给它们施加相应的"力"，让整个系统慢慢地做出调整，向着你所期望的方向运转。

可以参照下面三个步骤来行动。

1. 设定框架：我做这件事情的目标是什么？我想通过它达到什么效果？通过做这件事情，我希望我的生活可以发生什么样的改变？

注意：跟传统的SMART法则不同，这里的目标不要定量，而是定性。也就是说，去想象一个愿景，去描述你希望达到的画面和情境，而不是给自己设置具体的量化指标。这一点会在后面解释。

2. 建立系统：如果要开始做一件事情，让自己离第一步里的理想状态更近一点，这件事情是什么？

这一步不要急于给自己定下"每天要如何如何""要在3个月内如何如何"之类仅关注结果的计划——这些计划基本都是很难实现的。你需要考虑的只有一个问题：如果把所有的改变简化成一件事，这件事可以是什么？

3. 优化完善：一旦通过第二步，把这件事变成一项日常习惯，你就可以再进一步去复盘和思考：现在我是不是离目标近了一步？如果想再靠近一点，我还可以再做一件什么事情？以此类推。

总而言之，先设定框架，再建立一个最简单的系统，最后不断去优化它，直到实现想要的愿景。这个方法可以在最大化动力的同时，最小化我们的阻力。

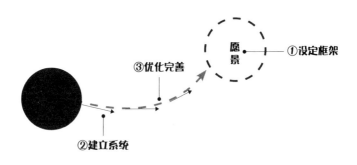

图3-1

你知道你想要的结果是什么样的，也知道与它之间有很大距离，但不要紧。先试着调整现在的状态，让它朝着"想要的结果"前进一步。等到这种调整稳定下来，适应了这个新的状态，再给它施加一个力，再移动一步……

在这一步步的调整和偏移之中，你会更加了解自己，也更加了解理想的终点。最终，你会达到一个更好的状态。它未必是你最开始想要的，但一定能够更好地发挥你的价值。

两个实际案例

下面，我用两个具体例子，来展示系统优化法的应用。

先看第一个例子：读书。

一般来说，读书计划可能是这样制订的：我今年要读多少本书，要写多少页笔记，要输出多少篇文章，每天要读多少小时的书才算完成任务……这样制订并非不好，但停留在对数量的追逐上，其实意义不大。

更好的方式是什么呢？首先，你要设计一个框架，明确自己想要的理想结果。比如：为什么想要去读书？想了解的领域和主题是什么？想通过这段时间的读书，弄懂什么问题、达到什么效果？

然后，动手设计一个最简单的阅读系统，从最小的行动开始，让自己先读起来。比如先试一试，每天下班后读20分钟的书，同时做一些简单的关键词笔记，不用追求详细、严谨，就这样先尝试一周，看看效果。

一周后，对这种阅读学习方式进行复盘和检查。

这一周，我读了哪些内容，做了哪些笔记？

这些内容我真的吃透了吗？能应用到实际生活中、帮助我去思考吗？

现在距离我了解这个领域还有多远？

我的时间精力允许我继续保持这种模式吗？是否需要进行调整？

如果需要，就对这个阅读系统进行微调，再尝试一周看看，以此类推，不断循环。直到觉得自己已经完全适应了这种模式，已经使它融入了生活，并且每一天的收获也令自己满意，那么，就可以再从其他方面去思考微调。

换一种信息输入形式呢？用视频、课程来替代阅读，会不会更好？

换一种做笔记的方式，比如，直接把笔记写成文章，发布出来？

找几个志同道合的朋友，互相鞭策、鼓励、探讨交流……

你会发现：框架本身并不会限制这个系统的形态，它完全可以是多种多样的。也就是说，系统处于框架的范围内，不断地接受我们给它营造的环境、演化、生成不同的系统。

再看一个例子：健身。

为什么许多人减肥之后会容易反弹？原因就在于：我们每天的规划和行动，比如减少热量摄入，完成定额的运动量等，都只是为了一个目标："看到"体重的下降。而并没有真正改变生活方式。

什么叫生活方式呢？每天可持续的，无须费力坚持的，才是生活方式。如果你把每一次健身都当作一个任务，一件苦差事，每一次吃饭都要精挑细选算上大半天，这种方式可持续吗？肯定是不行的。

所以更好的方式是，建立一个简单的系统，慢慢调整生活方式和状态。先从最简单的锻炼做起，比如每天花 10~15 分钟时间，做做简单的有氧运动，或者用低重量的哑铃做无氧运动。在这个过程中，去体会锻炼的乐趣，以及它给你带来的改变：比如精力更旺盛了，不容易腰酸背痛了，头不痛了……

那么，你就会慢慢地把锻炼变成一种习惯，欲罢不能。

接着再从饮食入手建立简单系统。比如戒掉晚上的零食，计算一下自己的营养摄入，安排好每天三餐的大致比例，一点一点改善。直到你的身体适应了这种模式，再也不想吃太多东西为止。

在这个过程中，你的体重数据不一定会持续下降，有可能会波动，也未必一定能达到你想要的理想体重，但是，你整体的生活状态一定是在慢慢变好，变得更健康，而这才是最重要的。

也就是说：重要的不是你刻意去做什么，而是一点一滴改变整个生活模式，整体地、系统地，让自己进入一个更好的状态。理解了这一点，很多问题也许就迎刃而解了。

为什么我们平时努力去"培养习惯"，总是很难成功？因为与我们的新习惯对抗的，是早已固定在我们脑海中的不健康的生活方式。就像一家公司整体的底层价值观就是赚钱为上、罔顾社会责任，那么无论外界怎样去批判它没有社会责任感，它会有改变吗？没用的。甚至，给它换一批高管能扭转这种局面吗？也不能。只有当它的价值观和企业文化发生改变，开始追求健康可持续的良好商业模式，此前的状态才有可能彻底改变。

所以，好的习惯一定不是凭空生成、刻意坚持的。而是先采取最小的必要性步骤，整体地改善自己的行为模式，等到大脑适应了，再推动一步，进一步改善，再适应……在这个过程中，慢慢地接近自己想要的结果。

而一旦你的生活模式发生了改变，新的习惯也就不需要"坚持"了——它就会成为一个自然而然的事情。

限制我们的，很多时候不是我们缺乏所谓的意志力，而是整个生活模式和价值观念本身。只有从生活模式入手，一步步去推动它，去获得反馈，进行微调，才能更好地驱动行为改变。

我们要追求的，从来不是"自律"，而是"自驱"。

避免"计数器陷阱"

计数器陷阱

最后，分享一个许多朋友在设定目标、践行计划的过程中容易落入的陷阱，计数器陷阱。

上一节里讲道：不要去量化你的目标。可能会有人不太理解这个观点，广为人知的SMART原则里很重要的一点就是"目标必须可衡量"。那为什么还说"不要量化"呢？

原因在于量化目标，实质上是一种"降维"的做法。它并没有真正解决问题，而是通过把问题简单化、平面化，让你产生了一种"解决问题"的错觉。

举个例子：很多人学写作，会给自己设定一个具体的目标，每天要写多少多少字，希望通过量的积累，来达到质的改变。比如"每天一千字"，甚至有一些"魔鬼训练"，要求自己每天输出三千字、五千字……然而他最终的收获，可能只是一堆连自己都想不起来是什么内容的文字，虽然这个过程可能磨炼了他的毅力，让他获得了一种良好的自我感觉。但他的写作能力提升了吗？写出来的东西质量变得更高了吗？很可能都没有。为什么呢？很简单，因为他养成了一种不好的习惯。

不论多么理性的人，只要有指标的驱动，都难免产生一种心态：我先想办法去完成指标，别的都可以先缓一缓。在这种心态的驱动下，他很可能会不太注重文章的论据是否可靠，逻辑是否严谨，结构是否清晰，文字是否简洁……而是以"写满规定字数"为首要目标，甚至会因此反过来追求不简洁的文字——越不简洁就越容易达到指标嘛。

久而久之，当他习惯了这种模式，还如何能写出言简意赅的文章呢？

不仅仅是写作，任何事情都是如此。每件事都是有多个衡量标准的。而当你把其中某个标准强调、凸显出来时，就很容易忽略其他的标准。从而把一个完整的"体"，简化成只剩一个"面"。

这也是企业管理中常说的"KPI陷阱"。凡事都唯KPI是论，以完成KPI为第一要务，往往就会忽略做这件事最核心的目的，忽略真正的目标。

在这种心态的驱动下，就会很容易出现下列现象。把"更健康的体态"简化成"我要减重30斤"，结果辛辛苦苦通过运动和节食降低了体重，但生活习惯没有真正改变，没过多久就又反弹了回去；把"掌握英语"简化成"每天背10个单词"，结果辛辛苦苦背了几千个单词，但仍然记不住、用不上，没办法把它们真正用到现实生活中；把"拓展知识面"简化成"每年读50本书"，结果一年下来，书单有浩浩荡荡一列，但问自己从中得到了什么？学到了什么？有什么收获和提升？则是脑子里一片空白，付之阙如……

再说回读书，你明明给自己设定了"每天要读50页书"的目标，也咬牙坚持了下来，为什么过了一段时间，仍然感觉没什么提升和进步？原因很简单：因为你缺乏思考加工，只是在赶进度。当你读到一个特别精彩、很有共鸣的地方，会不会让自己停下来咀嚼？当你读到一处特别复杂、需要认真思考的内容，会不会停下来反复揣摩？大多数时候是不会的，因为"我今天还没读够50页呢"。

这其实是买椟还珠，真正重要的、关键的、有价值的东西，是读书时思考和咀嚼的过程，这才是你从"读书"这件事里面能得到收获的关键。但它就在你赶进度的时候，被抛诸脑后了。

这种"给自己设定一个数值，再努力去达到这个数值"的思维，只是看起来很美好，但实际上用处不大。因为你的生活不是计数器，我们要做的，是对自己的生活负责，而不是简单粗暴地去规范它。

问题背后的系统

要摆脱计数器陷阱，一个重要的思维方式，就是去分析问题背后的系统。也就是第三节里所说的：先建立一个最简单的系统，然后想办法优化它。

对写作来说，每天输出多少字是最重要的因素吗？其实不是。写作是一个系统的过程，你必须有输入，有思考，才会有输出。如果只把目光放在"输出"上面，那其实是没有意义的——你只是在不断地敲键盘，没有输出自己加工过的观点。

所以，如何才能每天多输出一点内容？这其实不是一个好问题。更好的思考方式是：如何才能在我每天的生活中，作出一些改变，多学习一点东西，多进行一些思考，然后与此同时能写出一点（经过思考的）成品？

也就是说：对写作来说，"每天写多少字"只是整个系统的一个表象，"如何抽出时间来进行学习和思考"，才是处于表象之下，我们真正需要去关注和留意的问题。

同样，"如何每天多读一点书"，这是重点吗？不是的。它背后的系统是：你要建立自己的知识体系，然后基于这个知识体系，发现兴趣所在、找到阅读的方向和需求，再基于这个需求，去有针对性、有目的性地阅读，获取知识，进而丰富和完善自己的知识体系。

什么样的写作是有意义的？只有当你写出来的东西是经过学习、消化、咀嚼，能够使你的思维从无序变成有序，并且经过严格的斟酌和构思，而不是追求"量的积累"时，你写出来的东西才是有意义的。

同样，什么样的学习是有意义的？只有当你非常清楚自己有一个什么样的框架，并且能够依据需求来填补框架时，学到的东西才能真正被内化和吸收，才是有意义的。

再说回减肥。减肥的本质是什么，是让体重变轻吗？不是的。它背后的系统，是你的生活方式出现了问题。你的生活方式是不健康的，"过重"只是这种不健康的一种表现方式。你要去改变生活方式，才能一劳永逸地解决这个问题。

同样，学习英语的本质是什么？是记住很多单词吗？不是的。你一定是基于某种情境，需要用到它，但你现阶段的能力不足以用好它，于是去弥补这种空缺，让你能够更好、更自然地应对这些情境，这才是有意义的。

这就是系统性的思维方式：一个问题的出现，其根源往往不在于它本身，而在于它背后所存在的系统。它往往只是这个系统的一种表现，我们要做的，是去优化这个系统，从根源解决问题，而不是仅仅着眼于问题的表象。

持续行动的技巧

当我们践行"系统优化法"的时候，有什么技巧，可以帮助我们更好地接近理想目标呢？

你每一天的生活基本都是稳定不变的。那么现在突然要引入一个新的行为，一定会对生活造成一定的"扰动"，其他的活动一定会受到影响，需要做出相应的调整和改变。这里，大脑的稳定性需求就发挥作用了。大脑会抗拒"改变"，希望我们继续遵循稳定的生活方式。因此，如果你不去有意识地维持新习惯，很快就会故态复萌，回到旧的生活模式上。

所以，如同前文所说，我们必须从最基础的行动开始改变，尽可能减少大脑的抗拒和阻力，减少对其他活动的扰动，见缝插针，把这个新的习惯"插入"到日程里面。

这一步，可以参考行为科学家福格（BJ Fogg）"福格行为模型"中的一个小技巧：把新习惯放到旧习惯后面，让旧习惯成为新习惯的"触发器"。

还是以培养读书习惯为例。你可以先对每天的时间耗用做一个监测和记录。

- 这一天，我在每个时间段分别做了什么？
- 哪些事情是一定要做的，哪些事情是可以省略掉的？
- 哪些时间是必须花费的，哪些时间是可以缩短的？

记录之后你可能会发现：通过砍掉一些不必要的活动（比如在网上"闲逛"），可以在晚上腾出 20 分钟。那么，不妨先从这 20 分钟开始，用读书来替代旧习惯，用便利贴等方式提醒自己：一打开 App，准备刷手机，就先拿起书看一会。

看书的行为甚至不需要完全覆盖这 20 分钟。你可以只看 10 分钟的书，随便翻两页也行，然后继续上网。慢慢地，让自己适应 10 分钟的阅读，然后再试着延长到 15 分钟、20 分钟……

当你用新习惯替代了旧习惯，在这个过程中，再专注地去体会自己的感受。

- 这件事情带给我什么感受？
- 它是否可以帮助我解决一些困惑，是否让我感到，我这一天没有浪费，是有收获的？
- 它是否让我感受到，我离"想要的自己"，又确切地近了一步？

如同第一章"反馈"所说：一定要从行为中找到正反馈，才能持久践行下去。

慢慢摸索、尝试，直到你发现自己好像已经习惯这种模式。每天到了点，不需要刻意想就可以拿起书，随意看上那么几页。到了这一步，再考虑把强度提高一点点，试着把其他事务也整理一下，空出更多的时间……

以此类推，不断循环。让自己不断地、持续地进入一个"更好的舒适状态"，获取成长和进步。

要注意的是，我们要实现的最终目标并非"每天多拨出一个小时来读书"。因为没有时间读书这一问题背后的系统是现有的生活方式不够理想，每天用在学习上的时间太少。因此，我们要做的，是改变这个生活方式，每天腾出更多的时间来学习，并且适应它、内化它、长期践行它。

改变之后是不是"每天读书一小时"并不重要，甚至，是不是"每天读书"也不太重要。重要的是：我们的生活习惯变得更好了，更加健康了。

当你开始成功地引导大脑，把这种健康、有益的生活状态，变成一种新的"稳定"模式，并彻底稳固下来了的时候，也就意味着，你的生活真的走上了正轨。

用舒适的方式去行动，让改变慢慢发生。

本 章 复 盘

　　许多人认为，自律就是要用意志力去约束自己，坚持良好的习惯。如果做不到，就需要锻炼意志力，让它变得更加坚毅。只有这样，才能实现自己的目标。

　　但这一做法其实是低效的。基于意志力的两大假说"延迟满足"和"自我损耗理论"，已经被证明是无效的。并没有一种"意志力"在控制着我们。只要我们认为意志力是无限的，它就可以是无限的。

　　在这个基础上，要实现有效的改变，需要用主动的"自驱"来代替被迫的"自律"。也就是建立一个最简单的系统，将它融入我们的生活中，让它慢慢朝我们想要的方向去演化，通过日积月累的渐变来实现真正的改变。

　　在这个过程中，不妨把关注的焦点从结果转移到过程上。体会你在这个过程里内心的想法和感受，用正向反馈和自驱力来推动我们采取行动。

　　基于"自驱"，让改变发生，这才是有效的、真正的"自律"。

第四章

果断行动：
如何摆脱懒惰、拖延和畏难

我经常能看到这样的问题：

"我读了很多书，听了很多课程，学了很多有用的方法，也想把它们用到生活中，但总是一直拖着不去行动，一直没能把它们真正用起来。这究竟是怎么回事呢？如何才能提高自己的行动力？"

这真是一个大哉问，因为许多人或多或少都存在行动力不足的问题。不少人会因此给自己贴上负面的标签，觉得自己"懒惰""缺乏毅力""三分钟热度"……

但是，这些标签只是一种表象，它并不能解释任何东西，更不能被当作我们心安理得不去努力的借口。我们要去探究，这些表象背后的根本原因究竟是什么？有什么有效的方法，可以让我们行动起来？

这一章，我想跟你分享一套系统的分析和改进方法，希望能解决你的问题。

三分钟热度？蚕食行动力的四个原因

道理都懂，但仍然过不好这一生

你是否经历过下列情景？

下定决心通过学习提升自己，第一天还踌躇满志，但过了几天就不想动了，很快就把热情消耗殆尽；

手头的项目离截止日期越来越近，虽然觉得心烦意乱，但还是一直躺着刷手机、打游戏，就是不去做。于是一步步拖到临近"大限"，再强迫自己赶工做完；

面对陌生的挑战，总是还没开始做，就产生自我怀疑，一直想着"我能把它做好吗""要是失败了怎么办"……这些念头萦绕在脑海中，让自己犹豫不决，最终错失机会……

这些现象，你可以叫它拖延，也可以叫它懒惰，它们的本质其实是一样的，都是"缺乏行动力"的表现。

那么，如何才能提高行动力，让我们能够不假思索、全身心投入地去"动起来"，去做我们认为重要的事情，不再拖延、不再怠惰呢？

不妨反过来考虑这个问题：一般情况下，一个具备充沛行动力的人，往往是什么样的？

有了一个想法或计划，立刻就开始落实，不然就会浑身不舒服；

一项任务开始做，就一定要做完才行，不然就会一直徘徊在心里；

面对选择，总是能非常果断地做出判断，从不会犹豫不决；

面对未知的事情时，愿意冒一定的风险，甚至对他们来说，冒险也是一种乐趣……

为什么这些人总是能够充满热情和行动力，甚至不畏惧风险呢？

有一部分原因和生理特质相关。大脑中与决策、行动、动机相关的功能，主要由多巴胺相关回路影响和调控。第一章讲过，多巴胺在大脑中主要有四条通路。其中"中脑–皮质通路"，主要与决策和行为控制相关；另一条"奖赏回路"，主要跟学习和动机相关。

中脑–皮质通路调控我们做出决策和选择行动的动力。当这条通路中的多巴胺超过某个阈值时，我们就会更倾向于"去行动"，反之就容易犹豫不决。而奖赏回路调控的是我们的动机强度，当它被外部反馈所刺激，激发多巴胺分泌时，就会产生"我想做某事"的动机，反之就会感到没有动力、对一切都失去兴趣。

所以，一些人行动力强的一个重要原因是他们大脑中自主产生多巴胺的能力较强，且对多巴胺的适应性足够高，因此很容易从外部的反馈中得到激励，并且不容易对激励感到"疲劳"或"过载"。甚至如果一段时间不从外部反馈得到激励，他们会感到无聊、烦躁、打不起精神……

行动力弱的人则恰好相反。他们从外部获取反馈，产生多巴胺的效果较弱，从而不容易产生激励。并且，当他们接收到较高的外部刺激时，反而容易造成"过载"，产生畏惧和回避倾向。

但这是不是意味着，行动力完全由先天的遗传因素决定呢？当然也不是。我们可以通过一些方式，更好地引导大脑，把它塑造成我们想要的样子。

通过"动力-阻力""内因-外因"这两个维度，我们可以把缺乏行动力的情况分为下面四种模式。

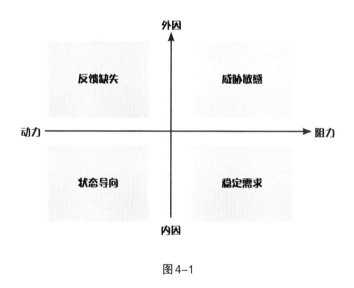

图4-1

要注意：这四种模式可以同时存在。一个人可能在某些事情上存在"状态导向"，在其他事情上存在"反馈缺失"；同样，在同一件事情上，也可能同时存在多种模式。比如：在培养新习惯时，可能既存在"反馈缺失",也存在"稳定需求",从而导致这个新习惯还没完全开始,就被中止了。

但无论如何,要想真的改变自己,永远无法绕过的一定是更透彻地了解自己。只有知道自己真正的症结在哪里,你才有可能做到对症下药,有针对性地去改变和完善自己。

所以,你不妨对照着这四种模式,给自己作一个简单的诊断,看看自己属于哪一种模式,或者哪一种模式更为突出、明显。然后,再应用后面每一节里面的建议,有针对性地去调整。

"稳定需求"模式,在第三章里面已经讲过,这里不再赘述。接下来,让我们来详细看看"威胁敏感""反馈缺失"和"状态导向"三种模式。

威胁敏感：你是精神内耗者吗

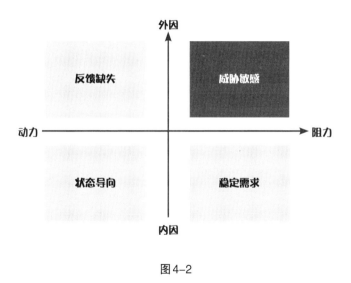

图 4-2

让我们不堪重负的精神内耗

生活中，最好的状态是什么样的？就是全神贯注于你当前正在做的事情，不论是学习，工作，思考，还是娱乐。

但对于有些人来说，这种状态可能是一种奢望。

不管什么时候，他们的大脑总是在运转，处理大量的信息，没有办法放空。这就导致他们特别容易"想太多"。

想集中精力工作，脑中却总是不由自主地涌起各种杂念、烦恼和担忧，让自己分心；

遇到一点点小事也会想很多，常常翻来覆去地想，严重的时候甚至会影响睡眠；

有选择困难症，特别不喜欢做出选择，因为他们总会对选项颠来倒去地思索、权衡，耗费大量精力；

生活中总是下意识地对很多东西保持警惕，遇到一件事情时，第一反应永远是"会不会出问题"……

在外人看来，他们的脑子转得很快，想问题也很全面，显得很"聪明"。但只有他们自己知道，这种状态，其实非常痛苦。因为他们不得不把大量的脑力和精力，都用在应对脑海里不自觉产生的想法上。于是，大脑几乎每时每刻都处于一种满负荷运转的状态下。因此，即使每天没干什么，也特别容易疲惫不堪。尤其是当他们需要作出决策、采取行动的时候，这种现象更加严重。

正常人可能有80%的脑力可以用在行动上，但他们只有30%、40%的脑力可以用，而这部分精力，还要和占据了50%、60%脑力的"胡思乱想"做斗争。所以这些人的一大特征就是：总是想很多，但经常困在自己的思绪里面，真正落实到行动中的非常少。

这就是精神内耗，也是制约着我们行动力的一个重要因素。

那么，为什么我们会有精神内耗呢？

在日常生活中，我们的大脑在什么也不干的情况下，其实也是在运转的。这时大脑的运转模式叫作默认模式网络（Default Mode Network，以下简称DMN）。DMN的作用是把大脑后台零碎的信息进行梳理，把那些可能被遗忘的信息进行重新激活。用计算机术语来说，就是对大脑进行"索引"。

当我们专注在某个任务上面时，这时激发的大脑模式，叫作中央执行网络（Central Executive Network，以下简称CEN）。它会高度激活与当前任务相关的区域，抑制其他区域。

我们可以把大脑中的一个念头想象成一颗星星，当它被激活时，星星就会亮起。那么DMN就像一片闪烁着星光的夜空。每一颗星星仿佛都在呼吸，整片星空就像一片海洋，在均匀地、微微地起伏。许许多多的念头不断被激活，此起彼伏，占据我们的思维和意识，这就是大脑的默认模式。而CEN就像月亮，当它出现时，它的光芒就会遮挡住星光，占据我们的视野。只有当它被云层遮住（我们的注意力从手头的工作上移开）时，才能再次看见星光。

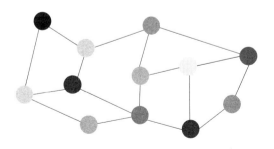

图4-3-1　默认模式网络

图 4-3-2 中央执行网络

那么，这两种大脑模式，在我们正常的一天里，是如何分布的呢？

DMN 是大脑正常情况下的默认模式，CEN 是非常规模式。也就是说，只要我们没有专注在某件事情上，大脑就会一直"走神"，一直应付脑中跃出的念头和想法，不断地咀嚼它们。根据 2021 年 1 月，加州大学伯克利分校的一项调研，人们每天清醒的时候，大约有 50% 的时间是在"走神"，也就是由 DMN 主导。剩下的时间才分配给各种各样的任务，切换到 CEN。

正是这个原因使得大脑的耗能稳定在人体日常耗能的 20% 左右，虽然我们看起来什么都没干，但实际上大脑正忙于应对种种"跃出水面"的想法、念头、思绪，忙着把它们安放好，让心境保持平和，让大脑保持有序……因此，又有人把 DMN 叫作"大脑的暗物质"。它像宇宙的暗物质一样，在我们看不到的场合，依然占据着大量的资源和空间。

DMN 比较活跃的人，他们的长时记忆能力、想象力、创造力等往往也会比常人好一些。因为 DMN 更活跃，他们整理信息的效率更高，效果也更好。

但这是一把双刃剑，它也会为人带来巨大的负担。一方面，DMN的过度活跃，使得他们在专注工作时，仍然难以集中注意力，因为DMN会不断与CEN争夺注意力资源。外在表现就是容易被各种各样的杂念侵入脑海，导致分心。另一方面，当DMN不受CEN的制约时，就更加"放飞自我"了。它会源源不断地把记忆里各种负面的想法输送到意识里，不断地提醒你它们的存在，不管它们是大的、小的、过去的、未来的、长期的、短期的……

这就导致你看起来在休息，实际上并没有真正休息。因为大脑依然需要消耗能量去抑制这些"反刍"所产生的担忧、杂念和负面情绪，从而让你陷入精神内耗之中。这就是阻碍我们去行动的最大力量。

夺走我们勇气的恐惧黑洞

读到这里，你可能会有疑问：如果说DMN是随机激活记忆深处的各种想法和念头，那么，为什么会是以负面想法居多呢？

原因就是这一节要阐述的核心：威胁敏感。

第二章讲过，大脑有一个能力，可以敏锐地识别并凸显环境中的威胁。在进化的过程中，它非常有用，因为它总是能很好地帮助我们及时发现可能存在的威胁，应对环境的变化和危险。

但也正是因此，这个功能变得越来越敏感。一旦你面临一个陌生的情境，它就会启动。然后，它会着重注意到那些危险的、困难的、陌生的细节，并把它们放大；同时把那些简单的、可行的、和缓的细节尽可能缩小，来尽可能对大脑"示警"。

它就像一个喜欢夸大其词的信使，会对前方的危险添油加醋一番，夸大和扭曲威胁程度，把"最坏情况"呈现出来，再传达给大脑的决策中枢。

人脑进化出这种反应状态的原因很简单。在远古时代，一时的收益对我们来说是有限的，但一次危险可能就会要了我们的命。因此，比起收益，人脑对于危险会更加敏感。哪怕期望的收益大于损失，人脑也会以"避免损失"为优先考量。丹尼尔·卡尼曼提出过一个"损失厌恶"理论，说的也是类似的道理，即同等的损失和收益，前者所带给我们的反馈会剧烈得多。一个行动，只有当成功的回报远远高于失败的损失时，我们才会倾向于去做，否则，我们总是倾向于"少行动"，以尽量规避损失。

在远古时代中，这是非常合理的决策方式。但到了现代社会，这种情形就不适用了。在现代文明里，威胁和收益变得更加对称——人们不会时刻面对死亡的威胁，但不行动却很容易错失时机。因此，我们的优势策略也不再是"少行动"了。

但大脑并不知道这种变化，它依然忠实地履行着它的职责，不断通过"恐惧"来让我们停下脚步，裹足不前。简而言之：大脑出于趋利避害的天性，很容易产生"威胁敏感"的特性。这一特性有两个特征：一是容易夸大和放大外部的危险；二是对损失比收益更敏感。

这个特性如何影响我们的行动呢？用一个不太准确的例子来说明：假设一个选择有10个影响因素，其中5个因素是有利的，5个因素是不利的。这时，如果你看到全貌，那么有利与不利就是5∶5，选择行动与否，都是合理的。但出于损失厌恶，我们可能会等到它变成

7：3时，也就是七成对我们有利时，才会去行动。

同时，由于威胁放大的作用，我们可能会看不到全面，而是容易忽略掉有利因素。譬如我们可能只关注到5个因素，其中2个是有利的，3个是不利的。于是，对我们而言，它的有利与不利就变成了4：6。进一步，威胁敏感还可能通过"灾难性想象"，放大对不利因素的感知，把明明没有那么严重的后果，渲染得更严重、更可怕。

因此，在威胁敏感的重重作用下，我们可能得等到有利因素占到八成时才更加倾向去做[1]。也就是说，威胁敏感的存在，会使大脑在DMN时蒙蔽我们的眼睛，使得我们看不到事情的全貌，扭曲对结果的判断，放大风险、缩小收益，并不断地输送负面信息，增加阻力。

在这种情况下，我们还可能立刻行动吗？显然就不可能了。我们已经被自己的恐惧吓倒了。

另外，除了削弱我们的行动力，DMN过度活跃，还会降低幸福感，让我们感到更不快乐。

2010年心理学家基林斯沃斯（M. A. Killingsworth）等人的调研发现，除了回想快乐的事情之外，其他情况下，CEN带来的幸福感基本上都高于DMN。迈克尔·富兰克林（Micheal S. Franklin）等人在2013年的一项研究发现，除了极少数情况外（比如恰好想到一个很棒的点子），DMN越活跃，我们往往越感到不快乐。

为什么会这样呢？原因也很简单，一方面，专注的CEN更容易带来心流状态，而心流状态会让我们感到充实，充满成就感；另一方面，由前面的分析可以知道：当我们陷入DMN时，往往会想到更多的负面念头，不断地在脑海中咀嚼它们——这怎么可能让我们感到快

---

[1] 这个例子中的数字只是为了方便大家理解而假定，并不准确。实际上这种特性也无法准确量化。

乐呢?

此消彼长,就导致了这么一个结果:日常生活中,一个人DMN的时间越长,整体的幸福感往往也就越低。

如果你的自信和自尊水准不够高,还可能导致一个更严重的结果:抑郁性反刍。它指的是思维不由自主地聚焦在负面想法上,无法自主地把注意力转移开,既难以去思考"有没有别的可能性",也无法去想"我可以做些什么,来改变这种现状",而是一遍又一遍地反刍那些不愉快的经历和念头,导致自我怀疑和自我否定。

它就像一个黑洞,不自觉地、无可阻挡地,把我们的注意力吸引过去,让我们难以挣脱,如蛆附骨。

久而久之,你就容易跌入这样的负面循环里面。

1. 遭遇一个挫折,容易把它归因为"我不行";

2. 在平日里产生反刍时,一遍遍在内心里播放"它失败了,是因为我不行";

3. 这种归因不断给自己制造心理暗示,从而削弱自信心和控制感;

4. 由于缺乏自信心和控制感,当遇到类似问题的时候,更容易失败。

这就是一种典型的精神内耗,也是让我们感到失去对生活的掌控力的重要原因。

那么,既然放任大脑的"自我放飞"容易导致精神内耗,带来这些不良的影响,那我们可以做些什么,来更好地掌控大脑呢?

提升大脑掌控力的方法

1. 掌控自己的想法

想一想，当我们陷入精神内耗时，实际上发生了什么？我们被自己各种各样的负面想法包围，陷入与它们的对抗和搏斗，从而感到筋疲力尽，不堪重负。

那么，我们该如何应对呢？让自己完全不产生负面想法吗？这是不现实的，因为顾名思义，DMN 本来就是一个"默认"的状态，它才是大脑的常态。我们能做的，是让自己去接纳这些负面想法，但要把主导权抓在自己手里，而不是任由它们主导我们的思维。

如第二章所说，当我们产生负面想法时，应该接受它，同时对它说：我知道了，我会等有空的时候去处理的，现在你退下吧。随即把注意力转移到别的事情面，避免自己不由自主地陷进去。

随后，把负面想法记录在一个专门的笔记本上。抽出固定的时间，打开这个笔记本，一个个检视这些负面想法，逐条去问，

• 它是真实的吗？

• 它发生的可能性大吗？

• 我有没有方法可以应对它？

一旦想清楚上面这三个问题，就把它划掉，并且在旁边写下你想到的行动方法。通过这种方式，不断强化主动性，让自己感受到：我是可以掌控我的想法的，我有能力这么做。那么，慢慢地，当你再产生任何负面想法时，就不会被它们所困，而是可以游刃有余地去处理、安置好它们。

2. 锻炼专注和感知能力

DMN的本质是什么呢？是大脑的信马由缰。亦即当我们不去刻意使用大脑，不去把注意力放在某个对象上面时，DMN就会开始活跃。那么，要降低DMN的活跃性，你要做的就是锻炼自己"把注意力保持在某个对象"上面的能力。

一个最常见的做法是正念练习。平时有空的时候，可以试着找一个舒适的位置，闭上眼睛，缓慢呼吸（大约10~12秒一次呼吸），把注意力放在呼吸上面，体会呼吸过程中的感觉，不要去管脑海中来来去去的想法，也不要去抑制它们。整个过程持续约10~15分钟。

这可以有效抑制DMN的活跃，锻炼大脑自主调控它的能力。

另一种锻炼方式是先停下手头在做的一切事情，深呼吸一到两次，然后按顺序问自己：我现在看到了什么东西？听到了什么声音？嗅到了什么味道？我的手和脚触碰到了什么，感觉是什么样的？也可以闭上眼睛，依靠自己的其他的感官去行走，在这个过程中专注感受各个感官传来的信息。

这两个练习方法，可以用便签记下来，随时想到、看到的时候就做一下，使它们慢慢成为习惯。长此以往，便可以有效提高你的注意力，提高对大脑的掌控能力。

3. 主动引导DMN

既然DMN是大脑的默认模式，我们无法避免，那么另一个有效的控制方法就是自主地、主动地去引导它。DMN往往在我们无所事事的时候出现，那么不妨利用这些时间，去有意识地思考平时积累起来的问题，回想这段时间接收的信息，变被动为主动。

我经常看到许多人在百无聊赖的时候，比如等餐、等车、坐车时，会拿出手机，沉浸在信息流里面，填补短暂的无聊。这实在是浪费了一段很宝贵的时间。因为在忙碌的每一天里面，能够抽出一段时间来独处、思考，暂时隔绝信息的输入，实在不易。而对碎片时间最好的利用方式，不是阅读，不是学习，是思考。

思考什么呢？其实非常简单，把你之前看到的信息，在脑子里过一遍，重新去回忆、提取和梳理。

很多人都问我，"为什么你的记忆力那么好？"其实没有特别的方法，只因为我每天闲暇的时候，都会把之前做过的事情、读过的内容、学到的知识在脑中回放一遍，自然就会记得更牢。

这样做，一方面可以激活这些信息，让它们更容易被提取；另一方面，又可以锻炼、强化自己的工作记忆（Working Memory），让它能同时调用更多的信息块。很多人觉得走神、发呆是在浪费时间，因为什么新信息都没有得到。但实际上，它不仅是对大脑结构的整理，同时也是灵感和创意的来源。

当你进行碎片思考时，你会发现，许多平时被忽略的细节，突然都会显现在你面前；许多苦思已久的问题，突然会跟记忆深处某个节点发生共鸣，被解答出来。

试一试，当你觉得无所事事时，不要任由大脑漫无目的地遐想，也不要用短视频和信息流去填满它，而是主动引导大脑去思考和回忆，想一想你最近看了什么东西？获取了哪些信息？有哪些想表达的话？这不但可以帮助你整理大脑，激发创意，还可以有效地约束DMN，让你更好地掌控它。

4. 培养行动的习惯

从前文的分析中可以看到，精神内耗主要的问题是消耗我们的动力，阻碍我们去行动。这句话反过来也是成立的。要克服精神内耗，最有效的做法，其实就是培养自己"去行动"的习惯。

所以，如果一件事情，你想不到特别有力的"不去做"的理由，那么就优先选择去做。不妨把这句话当成一个信条，用来指导自己的决策和判断。可以把它记在便签上，通过反复阅读，提醒自己去行动。

很多时候，不去做一件事可能有种种原因，怕麻烦、权衡得失、害怕不确定性……但不去做，这些结果就永远都是"未知"，问题永远都不会得到解决，会一直残留在你的记忆里，随着DMN被激活而挤占你的认知资源。

只有去行动了，才能把未知变成已知，把不确定变成确定，让它们得到安置，不再干扰你的思考。

另外，行动，也是开启自己正反馈循环的第一步。很多时候，只有行动了你才会发现：原来我所恐惧的东西，其实并没有那么可怕，我先前对它的猜测、担忧和焦虑，很多都是不必要的。

这就是你开始克服自我怀疑和恐惧的第一步，也是摆脱精神内耗的第一步。

5.最小行动法

最后，分享一个足够简单、又足够有效的做法，最小行动法。

（1）想一想：解决这个问题，第一步是什么？别的什么都不要想，哪怕这个第一步只是一件事的1%，也只先想清楚这一步就好。

（2）去做。

绝大多数时候，只要你"头脑一热"去做了，就会发现许多困难都是纸老虎，看着吓人，捅破了也就没有了。同样，有些事情，其实不需要过度筹划，先做好心理准备和兜底的应急方案，再根据情形去灵活应对，这可能是一个更好的执行策略。

记住一个简单的道理：当你真正去做事的时候，是感觉不到恐惧的。你会全身心地投入一件事，拆解它，应对它，消除它，最终获得反馈和成长。

恐惧只存在于你的身后。它就像影子，牢牢地抓住你、束缚住你。不要被影子吞没，你要做的是往前走。并没有什么东西在阻碍你，除了你自己。

反馈缺失：如何战胜短期诱惑

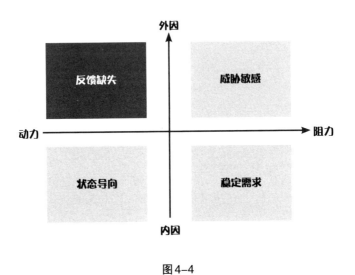

图4-4

打开心智

为什么我们会拖延？

你有没有过这样的经历：

明明还有很多事情没做，却总是提不起劲，什么都不想干，只想瘫着不动，追剧、看小说、玩游戏、刷手机。回过神来又开始懊恼：哎呀，我怎么又荒废了这么多时间，我都干什么去了，要是好好把事情做完该多好……

懊恼归懊恼，下一次遇到艰难的任务，却依然如故，下意识萌生退意：好麻烦，实在不想动，我先玩会手机，休息休息吧……不知不觉地，我们就把大量的时间耗费在各种各样的"休息"和"放松"上，屈服于这些短期反馈的诱惑。

为什么会这样呢？

行为科学家皮尔斯·斯蒂尔（Piers Steel）提出过一个很经典的"拖延方程式"。他把我们去做一件事情的行动力用一个公式来表达：

行动力 ＝（期望 × 价值）/（分心 × 延迟）。

行动力越高，一个人就越不容易拖延。

期望指的是对做成一件事情的信心，价值指的是这件事情能够给我们带来的回报，它们共同构成了我们去做这件事情的动力。分心指的是你保持专注的能力，以及周围环境中吸引我们注意力的因素，延迟指的是做完这件事情需要多久，需要多长时间才能兑现它给你的回报，它们共同构成了阻力。

可以看出，在什么情况下，我们才会充满行动力去做一件事情呢？要么，这件事情非常简单，立刻就能做完（延迟小）；要么，这件事情的价值非常高，高到可以克服分心和延迟。换句话说，也就是低投入、高回报的事情。

但生活中，这样的事情并不多。更多的事情是什么样的呢？有一定难度，也有一定价值，但未必能快速做完，需要你不断给自己打气，不断克服心理上的排斥和恐惧，克服其他短期诱惑的吸引力，才能一步步去获得回报。

因此，拖延对每个人来说都几乎都是一种常态。

最常见的情况是你知道一件事情很重要，也知道自己必须去做，但始终难以鼓起勇气去直面行动过程的艰巨和漫长。为了不去面对它，可能会给自己找一堆理由（今天状态不太好，明天再说吧）；可能会用别的方式转移注意力（要不先刷一会手机吧）；可能会去做其他不重要的琐事，让自己心安理得地把它往后延（我并没有在拖延，我也在做正经事）……

这才有了大家常说的：DDL（Deadline）是最大的生产力。为什么？不仅仅因为你知道再不去做会有惩罚，还因为，临近截止期限，实质上相当于变相地缩短了"延迟"的时间，你不再需要度过它那漫长的行动周期，而是可以在一个极短的时间窗口里去完成，以此减少直面它的时间。

但这是一个好的状态吗？并不是。当你最终不得不去做的时候，往往已经失去了最佳的时机，也失去了从中获取反馈、感受成长的机会，只是赶着把它做完。做完后，它给你带来的往往也不是成就感、满足感，而是一种乏力的疲惫感：我终于把它做完了，实在不希望有下次了。

这样的做法相当于你一直被逼着去"救火"，一直在疲于奔命。你从未真正掌控自己的生活，而是在被外力推着动。

归根结底，产生这种现象的原因在于过长的反馈路径，使我们几乎无法从行动的过程中获得强大动力，进而难以产生开始行动的动力，加上周围环境中存在各种各样的短期诱惑，进一步阻碍了我们的行动。这种现象就是"反馈缺失"。

第一章讲过：人们去做一件事情的动力，基本是由多巴胺来调控的。多巴胺的水平取决于我们对未来能获得的奖励的预期。我们预期能够得到奖励，多巴胺水平上升，激活奖赏回路，刺激我们产生动力，推动行动。这就是"行动"的原理和机制。

但是，当完成一件事情需要很长的时间，大脑就会调低它的价值。原本它能带来100%的奖励，但随着时间延长，这种奖励就会被大脑"打折扣"，变成70%、50%、30%……我们去做这件事情的动力也被同步调低，更加不愿意采取行动。这种现象叫作"延迟折扣"[1]。它是一种非常常见的现象，简言之就是当我们需要间隔一段时间才能得到回报时，大脑会随着时间的延长，降低对回报的主观价值判断。时间越长，降低的幅度越大。

产生延迟折扣现象的原因有两点。一方面，随着时间延长，大脑会感受到更多的不确定性，出于稳定需求，会调低对长期回报的预测和期望；另一方面，出于节能需求，大脑会把更高的权重赋予"当下"，而把更低权重赋给未来，这同样也会降低对长期回报的期待。

在这种情况下，比起需要长期投入的、不确定的回报，大脑自然会更加青睐身边简单易行的、即时可得的短期反馈。

1　也称为"时间贴现"。

持续的动力系统

那么，当我们需要面对一项长期、艰巨的任务时，有什么办法可以增强反馈和动力，让我们能够立刻着手完成它呢？难道只能靠"无限的意志力"去强迫自己行动吗？

当然不是。我想分享一个关于我自己的例子。

我固定每周四更新一期公众号推送。很多读者朋友都以为我有存稿，当他们知道每一篇都是当天的创作时都表示很惊讶。但其实没什么好惊讶的，每周四我都会把自己关在书房里一整天，断掉一切电话、微信、邮件，从中午写到晚上，直到写完为止。

这个过程辛苦吗？还挺辛苦的。需要事先用好几天的时间去搜集和构思选题，需要查阅大量的文献，需要整理自己的知识库，需要构建逻辑链条，需要检验每一个论据的有效性，需要自己推翻自己、自己质问自己……总的来说，这是一个很费神的过程。

尽管最终撰写的时间只有4~5个小时，但整个过程所需的时间，包括构思、梳理、积累等的时间，可能会达到写稿的好几倍。

如果你要问：写作的过程快乐吗？说实话，不快乐，很痛苦。

但是，这个过程完全没有乐趣吗？也不是。

搜集选题的时候，想到"这个选题不错，应该能够帮到许多有同样困扰的朋友"，会很快乐；

构建逻辑链条的时候，能够顺利地用自己积累的知识来解释生活中的一个现象，并且经得起实践检验，会很快乐；

整理知识库的时候，把零散的知识点整理成体系，让自己从更高的维度看到它们的全貌，会很快乐；

更不用说把文章写出来的成就感和正反馈了，更快乐……

这只是一个简单的例子，生活中一定会有许多更艰巨、更复杂的任务，但它们都是一样的：你如果只把目光放在结果上，那一定会遭遇到许多痛苦、压力、焦虑……但如果你把目光放在过程中，去关注在这个过程里你可以得到的收获，那么你的感受可能会完全不一样。

所以，我一直强调：一个人为什么能持续、长期地做一件事情？一定是因为你"乐在其中"，你从过程中找到了乐趣、收获乃至意义，这些才是推动你继续把它做下去的动力。

我们需要把一件长期的事情拆分，变成由多个短期反馈组成的结构，通过每一个短期反馈持续获得动力。就像接力跑一样，当你的动力快衰竭的时候，立刻就能够从新的乐趣、新的回报里面获得奖励和刺激，继续前行。

如何让自己耐得住寂寞，去做一件需要长期耕耘的事情呢？光凭意志力一定是不行的，你需要把这件事情"变得好玩"。

把思考变成乐趣

如何做到这一点呢？一个非常重要的功课就是从动脑的过程中获得乐趣。

本章第二节中讲过，当你专注、投入地去做一件事情的时候，会很容易进入心流的状态。它可以带给你快乐、充实感和满足感，可以成为你从长期反馈里获得动力的不竭来源。

那么，心流状态与短期诱惑有什么共性和区别呢？它们都有一个共通的特征：沉浸。当你处于这两种状态之中时，会体验到一种忘我的沉浸感。你会忘记时间，在不知不觉中就过去了很久；会变得异常专注，不容易被外界所打扰；你的注意力全都集中在"当下"，不会再常常分心到"过去"或"未来"。当然两者也有区别，当你从短期诱惑里恢复过来之后，会感到空虚和无聊；而当你从心流状态里恢复过来，体验到的是成就感、满足感和激情。

为什么会有这样的区别呢？原因在于虽然这两者的本质都是奖赏回路的激活，但这种激活的来源是不同的。短期诱惑是你被动地接收外在的刺激，通过刺激本身获取奖赏；而心流状态需要你主动动脑思考，克服一个个小的困难，通过动脑克服障碍这个过程来获取奖赏。这两者就像按摩和锻炼。两者都能让你感到舒服，但按摩的效果只是一时的，只有锻炼才能帮你真正地强健体魄。

所以我一直强调一个观点：快乐是有层级之分的，创造的快乐要比消费的快乐更高一层。因为创造需要你主动思考，你的快乐来源于"动脑"这个过程；而消费不需要动脑，你的快乐来源于消费对象本身。一方面，动脑的过程除了带来短期反馈的愉悦感，还可以收获"做成了一件事情"的成就感和激情。但消费不会，消费就像加了糖的饮料，喝的时候觉得好喝，喝完却不会有任何余味和感受。另一方面，依赖于外物提供的对象所带给你的愉悦感，始终是不稳定的，你不可能保证一直都能体验到同样质量的产品。并且，由于消费会不断拉高你的快乐阈值，那些曾经让你觉得有趣的东西慢慢都会变得无聊，需要"加大剂量"。那么久而久之，你终将对一切都感到无聊。

而依赖于内在动脑过程的愉悦感是可以迁移应用到其他事务中的。当你养成了"通过动脑获得乐趣"的习惯，那么无论你面对的是什么，是读小说、玩游戏、看影视剧，还是处理生活中实际的问题，乃至于学习新领域、新技能……都可以获得快乐。

举个例子。同样是看电影，一种情况下，你什么都不想，一口气看下来，为其中的剧情和人物紧张、担心、放松……这是一种短期诱惑，是一种很舒服的状态。另一种情况下，同样关注剧情和人物，但与此同时去思考"剧情为什么会这样发展""前面有没有什么伏笔""这个人为什么会做出这样的行为""这里是否在致敬哪些经典作品"……这样一边欣赏一边思考，你获得的快乐和愉悦感，不会比第一种情况少，反而会比前者更多元、更深刻。

当然也会有人问：生活中处处都要思考，不会很累、很麻烦吗？但一旦你习惯了这种做法，一旦你能够从思考中获得乐趣，就不会觉得思考是一种麻烦了。到了那个时候，你会觉得一个东西如果不能引起你的思考，那么它简直就是味同嚼蜡、毫无意趣。

那么，如何让自己更容易进入心流状态呢？分享三个我自己常用的方法。

1. 抛出一个自己感兴趣的、有一定难度的问题，试着想办法去解答。

2. 给自己设定一个高一点的目标，试着付出更多的努力去实现。

3. 对比自己上一次完成类似任务的速度和效果，试着做得比上一次更好一点。

一旦你把这几条技巧内化到生活的细节中，不断促使自己去动脑，从思考中获得愉悦感和乐趣，那么，你就不会再那么容易感到无聊，也不会那么容易屈服于短期诱惑。你会发现，思考本身就是一种乐趣。

经验值心态

最后，再分享一个在我的职业生涯中，对我帮助非常大的思维习惯，我称它为"获取经验值"心态。

当人们遇到一些艰巨的任务和挑战时，大多会退缩，或许是觉得麻烦，或许是觉得它们打破了平稳的生活，又或许是因为害怕付出努力。但我会这么想："又有一个机会，可以挑战一下自己，刷一刷经验值了！"

因此，不论遇到什么事情，我都能够保持充足的激情和行动力去应对，因为它们对我来说都是一种有趣的挑战。无论成功还是失败，我都能够从中获取经验值，得到长久的提升。

一旦你开始用这种视角去看待生活中的一切，你就会发现，没有什么困难能够吓倒你。因为越困难的事情，就意味着能够带来越多的经验值，帮助你提升更高的"等级"。

这种心态和卡罗尔·德韦克所提出的"成长思维"非常像。许多人之所以不敢去尝试新事物，就是因为害怕失败，害怕"能力不足"这件事被别人发现，但成长思维告诉我们：不用怕。人的能力永远不是静态的，而是不断变化的。你在一件事上的失败只能说明一件事，那就是你将要变得更厉害了。

不过，"获取经验值"的心态和成长思维还是有所不同。它最大的价值在于，它为生活中大大小小的事情，都赋予了意义。

如果一项任务是重复、单调的：没关系，它能够提高我的熟练度，让我在这项技能的使用上更加得心应手。

如果一项任务是艰巨、困难的：非常棒，它能够给我带来大量经验让我快速成长，获得更强的能力。

如果遇到一个意料之中的问题：没关系，这本来就是我的主线任务，我辛辛苦苦练级就是为了通过它。

如果遇到一个突如其来的问题：那更好，我触发了一项隐藏的挑战，又有一个新的目标可以去实现了……

带着这种心态，你就不容易失去对生活的激情和热爱。因为对你来说，生活中发生的任何事情都不会让你虚度时光，都是有价值的。同样，不论你遇到什么困难，都不会轻易被它吓倒。因为你知道，自己为了克服困难所付出的每一点努力都不会白费，它们都会成为你的经验值，帮助你提升各方面的技能等级。

你永远会对生活抱有希望。因为你知道：现在所经历的一切，所收获的一切，都会成为养分，帮助更好地面对下一个关卡的"BOSS"。

状态导向：别等准备好了才行动

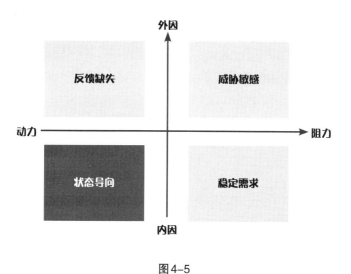

图 4-5

过度准备，是一种逃避

许多人往往会有一种心态：我不是不愿意行动，但我觉得还没有准备好，我想等一切都准备就绪，再开始行动。

这会导致什么结果呢？

要么是错失良机。比如，有一个难得的项目机会在你面前，你心想"我还没准备好，等下次吧"，可是哪有那么多的"下次"？很多时候，错过就是错过，不会再有机会了。要么就是一直都在"准备"的路上，永远没有开始的时候。比如：我想转行，那得先考个证；要考证，那得有充分的时间去学习；要有充分的时间，得先把手头的事情做完……然后，就一直在忙手头的事情。过了一年、两年，仍然还在"准备"的路上，遥遥无期。很多时候，我们的目标、计划，就是这样被兴冲冲地定下来，又被抛诸脑后。

1994年，心理学家托马斯·吉洛维奇（Thomas Gilovich）和梅德韦克（Victoria Medvec）提出了一个"后悔的时间模型"。他们发现从短期来看，人们更容易为"做错"的事情感到后悔，并会想办法去补救、纠正；但一旦把时间拉长，不论程度上还是数量上，"没做"的后悔程度，都会远远超过"做错"。"做错"的后悔可能持续几周、几个月，但"没做"的后悔，可能持续许多年，乃至于成为记忆里一个永久的遗憾。

这背后的原因很简单。一件事情做完了，它所带来的影响就终止了，哪怕结果不够好，你也可以不断去调整它、优化它。但一件事情没有做，并且也没机会再去做，我们就会对它存在"不确定的损失厌恶"。也就是说，我们知道自己损失了，但又不确定损失了什么，于是我们会不断地给这种损失加码，不断地把各种可能的后果往这个"篮子"里装。

想一想，你曾经有多少想法、计划，就因为根深蒂固的"等我准备好了再行动"的思维模式，最终付诸东流？又或者一直拖延到无可再拖，才赶着把它做完，导致结果不如人意，远远达不到最初的预期？

那么，形成这种心态的机制是什么呢？

1981年，德国心理学家库尔（Julius Kuhl）发现：每个人在面对问题和挑战时，大体上会有两种不同的应对策略。

第一种：这个问题不好办，我要赶紧行动起来，改变它，让自己摆脱困境；

第二种：这个问题不好办，我要调整自己的状态，等到状态更好时，再一口气把它解决掉。

库尔把第一种策略，称为"行动导向"，把第二种策略称为"状态导向"。"准备好了再行动"，就是状态导向最典型的表现。

这两者最核心的区别是信念不同。前者认为要跳出困境，只能通过行动。因此，要快速行动，通过行动来减少不确定性，减少对未来的担忧和焦虑，降低负面情绪感受，攻克这个挑战。后者则认为要跳出困境，只能通过"良好的表现"。但良好的表现又需要良好的状态，如果现在状态不好，那么就不适合行动。应该等到状态更好时，再去做出"良好的表现"。

前者注重的是过程：我离目标还有100步，哪怕只迈出1步也是一种胜利。后者注重的是结果：如果我要用最少的步数抵达目标，那么我每一步就必须足够长；如果做不到，宁可不做。

状态导向并非全然不好，在有些情境下，它可以帮助我们避免过于冒失和冲动。但是，如果我们过度依赖状态导向，就很容易陷入下面这个循环里。

1. 碰到一个问题，你觉得自己状态不佳，无法立刻解决它，于是决定等到准备好了再行动。

2. 这个未解决的问题一直停留在你大脑的后台里面，成为思维的负担，不断为你增加压力。

3. 在这个前提下，你的一切准备行为——包括搜集资料、分析问题……都会受到影响。从而会一直觉得"没有准备好"。

4. 随着时间推移，你对这个问题的恐惧就会加深。因为你会觉得：这么久了我还没有准备好，是不是因为这个问题很复杂……

如果只有一两个问题那还好，但当同一段时间内有较多的问题需要你去解决，而你又无法立刻采取行动时，就很容易进入这个循环。

这个负循环会产生什么结果呢？它会大大地削弱你的行动力，让你更加难以真正去解决问题；同时，还会成为慢性压力的来源，让你生活在压力和焦虑之中。

这就是许多人常见的问题：我们总是想逃避难题，想逃避"付出精力去动脑"的过程，于是不断地把难题往后拖，告诉自己"我不去看它，它就不存在"。但问题会自然而然地消失吗？大多数时候并不会。这些难题会堆积起来，一个旧的难题还没被解决，又来了一个新的难题……最后让我们感到身心俱疲。

这就是状态导向最大的问题。它让我们永远处于准备之中，迟迟未能行动，不断地把问题转化为压力。久而久之，积少成多，就会对我们的身心健康造成严重的负面影响。

三阶段模型

状态导向背后的深层原因和机制是什么呢？为什么我们面对问题会有两种不同的应对策略？

当我们面临一个抉择，或者产生一个想法时，会先对它进行全方位的权衡，考虑它的回报，可能遇到的问题，以及克服问题的可能性……然后，再决定要不要去行动。在这个过程中，会有两种力量的角力。一种是我们的意图，即我想通过行动去达到什么、实现什么；另一种是对外界的评估，即外界环境是否会阻碍我们达成意图。前者压过后者，我们就会倾向于去行动；反之，就会倾向于继续观望和规划。

行动导向的人大多都有一个特征：自我调节能力较强。什么意思呢？他们往往有一个明确想要的结果，也知道应该做些什么才能达到这个结果。因此，他们能够主动地掌控信息，知道应该聚焦什么、忽略什么，从而能够具备强有力的行动意图，用这种意图去压过怀疑、犹豫等负面情绪，不被它们所影响。

反之，状态导向的人，自我调节能力较弱。他们更多地倾向于"被动地"处理外界的信息，而非从自身需要出发主动掌控信息。因此，对他们来说，所有的信息都是平等的，无论是自己的行动意图，还是从外界接收到的信号，都必须纳入考虑，去进行更全面、更严谨的评估和计算。这就导致一个结果：他们几乎时时刻刻都活在下意识的权衡和判断之中，因而更容易陷入纠结和担忧，降低行动力。

我们不妨把"没有挑战，面对挑战，解决挑战"这三个阶段，按照大脑对它们的预判和感受，分别标示为，①舒服；②不舒服；③舒服。

对于行动导向的人来说，他们会更关注②到③的阶段。他们会这样想：我只要解决了②，后面就是康庄大道了。并且，他们有足够的自信和行动意图来支撑自己跨过②阶段。

反之，状态导向的人，则更容易关注①到②的阶段。他们想的是：我要尽量减少自己的能量损耗，因此要尽量避免进入②阶段。

因此，当一个状态导向者面临挑战和问题时，他的心路历程往往是这样的。

1. 烦恼。我现在生活得好好的，为什么会发生这样的事情来打破我的生活状态？

2. 恐惧。这个问题看起来很棘手，它会不会很难办？会不会占用很多时间精力？如果处理不好，是不是会很麻烦？

3. 回避。我能不能先做点别的，先拖着它？等到实在拖不下去了再去面对。也许拖着拖着，它就不见了呢。

对他们而言，维持现状是最好的。他们不喜欢变化，也不喜欢风险。除了采取必要措施来防止产生不好的后果，一般不喜欢行动。不去做就不会错，但做错了就可能很麻烦。

当一个行动导向者面临挑战时，他的心路历程则是这样的。

1. 兴奋。有新的东西出现了，打破了我固有的认知，我可以观察一下，它有哪些点比较吸引我？

2. 试探。它看起来很有意思，我能不能先采取什么简单的行动来尝试一下，增进对它的了解？

3. 改变。看来这个方向似乎不太行，那么我能不能改变一下，换一种思路和做法来试试？

对行动导向的人而言，去做可能会出错，但不去做就永远不知道深浅。因此，他们会把行动作为默认选项，通过行动去改变现在所处的状态，而不是等状态更好了，再去行动。

如何改变状态导向？

1. 强化内隐自我

第二章中讲过，内隐自我是一个人在过往的经历中的种种经验、信念、反馈和知识加在一起构成的一个庞大的自我系统。在日常生活中，我们不会意识到它，但当我们面临相似的情境时，这个内隐自我系统就会被激活。

库尔发现，当一个人的内隐自我系统被正向激活时，会带来积极情绪，从而冲淡负面情绪，帮助行动的意图在博弈中胜出。

进一步的研究发现，行动导向的人，内隐自我往往伴随着外界的困境和威胁同时被激活，从而为他们提供充分的行动力来攻克眼前的难关。而状态导向者的内隐自我往往会经历一个较长时间的延迟之后才被激活。这就导致了，他们很容易被眼前的困境吓退，无法前进。

因此，在生活中，我们可以主动地、有意识地强化内隐自我，让它在被需要的时候，能够更有效地被激活，为我们提供充足的动力和能量。

有什么方式可以强化内隐自我呢？除了第二章讲过的方法，还可以尝试一个能够立即用到的小技巧。想一想：一群朋友聚餐时，你是那个说"随便""都行"的人，还是那个自告奋勇点餐的人？部门开会，领导问"大家有什么想法"，你是那个果断提建议的人，还是那个先看看大家怎么说的人？

行动导向的人，在成长的过程中，经常需要"自主地"做出决定。久而久之，他们就会把外界的威胁跟自主性建立起联系，建立起一种强大的自我效能感，即我是能够独立自主地做出决定，来应对这个威胁的。这种自我效能感，会驱使他们在面对挑战时，能够更多地关注自己的内心，更习惯于考虑"我要什么""我想做什么""我认为该怎么做"。

但状态导向的人，在遇到问题时则更容易倾向于考虑"在这种情况下，别人会怎么做？"从而不断让自己停留在犹豫、徘徊之中，难以迈出步子。

因此，当你下一次遇到需要做决策的情境时，不妨试一试不要再说"随便""都行"，也不要告诉别人"你来决定吧"，果断一点，自己做出决策。

大脑会忠实地记录下你每一次行动，并根据它来进行自我调整。因此，你每一次做出决策，并从结果中获得反馈，都是一种对大脑的锻炼和肯定。它可以不断刺激和丰富内隐自我，并提高我们激发它的可能性和频率。

你希望成为什么样的人，就在每一次遇到抉择时，去做对应的事情。

2. 做困难的事情

很多时候，我们会对困难的事情产生畏惧情绪，从而倾向于去做一些轻松的准备工作。一边做，一边告诉自己：我并没有什么都不干，我还是在做正经事的……但事实上，真正重要的任务，一直没有得到推进。这就会导致，挑战所带给你的恐惧和压力，其实一直都没有得到缓解。它会潜伏在你的大脑中，不断占据脑中的认知资源，造成负荷，消耗你的能量和精力。

要改变这种现象，你就需要意识到这个问题的存在，并纠正自己的习惯。先做最困难的事情，不需要完全攻克它，但至少要让自己"有进展"。

这可以带来两个结果。

（1）通过去接触困难的事情，大脑可以大幅降低对它的不确定性，从而把它从大脑后台中清除出去，避免契可尼效应[1]（Zeigarnik Effect）。

（2）通过采取行动，并从中获得反馈，可以让大脑更多地感受到"①舒服；②不舒服；③舒服。"中的阶段③。从而，引导大脑的关注点，从①到②，转移到②到③。

所以我很喜欢一个经典的时间管理技巧，叫作"吃青蛙法则"。操作方法是每一天都优先把那件最重要、最困难、最艰巨的事情给做了。它不一定是耗时最长的，但一定是你最排斥、最不想去触碰的。做完了，哪怕只是开始了一步，你也会感到神清气爽。再去做别的事情会更加充满动力。

3. 改变思考视角

状态导向者常用的思考视角，是从事物本身出发，去考虑"它可能会发生什么变化""它可能会产生什么后果"。这就特别容易夸大事

---

[1] 又称"蔡加尼克效应"，指大脑会分出注意力去考虑悬而未决的事情，从而导致我们分心。

物本身的威胁，从而产生莫须有的恐惧。对此，一个有效的解决方式是把分析视角从事物本身转移到"我跟它的关系"上面。亦即从考虑"它会有多糟"，转变成我可以如何影响它？有什么对完成事情有帮助的做法，是我可以去做的？

举个例子。你要向客户、领导、合作伙伴讲一个坏消息，你可能会很担忧，在心里不断想象他们勃然大怒或者失望的样子。但这种想象只会进一步加剧你的担忧，让你困在内耗之中，对解决问题是毫无帮助的。更好的做法是：想象他们可能会有什么样的反应，会提出什么问题，会说出什么样的话。再针对他们可能的反应思考我可以做些什么来应对，尽可能缓和场面，减少负面的后果。

通过思考"我能做什么"，并在心里预演，当你去行动的时候，就可以无须再动脑思考，直接调用预设好的框架来回应，从而减轻心理负担和认知负荷。

这个方法还可以帮助你实现"积极拖延"。

什么叫积极拖延呢？请看下面两个场景。

场景1：周五有一个重要的工作要提交，你一直拖着不去想、不去做，到了周五，不得已"赶鸭子上架"去做，匆匆忙忙就上交了，留下一堆漏洞和问题。这是消极拖延。

场景2：周五有一个重要的活要交，你先把几个最困难的环节想通了、摸透了，然后放在那边，等到周五，再一鼓作气地去执行，减少无谓的思考和焦虑，一口气把它搞定。这是积极拖延。

它们的区别在于，消极拖延是一种回避的策略，是你一直默认自己"没准备好"，把拖延和回避当成"准备"，从而被动地在最后一刻去赶工。而积极拖延则是很清楚"这件事情该怎么做"，但先不现在做，只是到临近截止期限时再做。这样，一方面可以最大限度缩短在这件事情上花费的时间精力，另一方面可以给大脑适当的压力，让大脑在压力下"动力全开"，并且慢慢适应这种快节奏。

可以看到，最关键的点是要把你的思考角度从沉浸、忧虑、想象中及时抽离出来，转移到行动上，专注地去思考：有哪些是我能控制的？我可以做些什么？我应当采取哪些步骤去行动？

唯有行动，才是改变一切的良方。

本 章 复 盘

拖延和懒惰的本质原因是什么？我们可以按照"内因－外因""动力－阻力"这两个维度把它分成四类，分别是：稳定需求，威胁敏感，反馈缺失，状态导向。

稳定需求是指大脑出于稳定性的需求，会倾向于维持现状，做操作路径最短、最省力的事情。改变它的方法是因势利导，先设计一个最小化的系统，再逐步演化。

威胁敏感是指大脑常常会放大外部世界的威胁，向DMN输送负面想法，使得我们被恐惧吓倒。改变它的方法是掌控DMN，避免陷入精神内耗之中。

反馈缺失是指大脑会被短期的诱惑吸引，从而无暇去做长期的事情。改变它的方法是把长期耕耘的事情变得好玩，从思考和成长中获得乐趣。

状态导向是指出于较弱的内隐自我和负面信念，我们常常会对问题采取回避策略。改变它的方法是主动强化内隐自我，把注意力集中到行动上，而非问题本身。

希望这一章，能够强化你的行动力，帮助你告别懒惰、拖延和畏难，在需要时变身高效的"行动机器"。

第五章

高效学习：
如何打造终身受用的学习系统

学习是终生的事业。但是，你真的知道什么才是有效学习吗？

许多人离开校园之后，仍然保持着基于传统应试教育所形成的"学生思维"。然而，应试教育阶段的学习是为了考试，但生活不是考试，不会要求你去填写标准答案。它是多变的，灵活的，复杂的。它考验的是你对环境的适应能力，以及将知识应用于实践的能力。

因此，抱着应试教育的习惯去学习，其实是低效的。我们的整个学习模式和系统，都需要一次大的革新，才能更适应现实生活。

这一章，我将基于认知科学的原理，带你走出学习的误区，与你一同建立更高效、更科学的思维模式和终身学习系统。

同时，我还会分享一套由我自己提出的知识管理方法，手把手帮你搭建起属于自己的知识体系。让你能够真正地把学到的知识融会贯通、学为己用。

学习的原则：以我为主，为我所用

> 请避免"做题式阅读"

你一年读了多少本书？

大家对这个问题肯定不会陌生。许多标榜阅读量的人，总会热衷于讨论"读了多少本书"。很多读者也经常问我，一年大概会读多少本书呀？每天大概读几个小时、多少页？诸如此类。

但我一直不太认可这种计算方式。如何才算是读一本书？什么样的书才计入其中？读一两页算吗，读一半算吗，还是一定得把一本书从头到尾读完？小说算吗，杂文算吗，还是只能计算知识型书籍？

就算只统计"把一本知识型书籍完整读完"，那也很麻烦。读完一本严肃的心理学教材和一本科普读物，后者可能只需要半天，前者可能要用半年时间。如果你读的是专业教材和学术专著，那一年下来哪怕只读了5本，收获也是巨大的，因为相当于入门了5个专业领域；

而如果你读的是随笔集和消遣读物，哪怕一年读50本，收获可能也没前者多。

说到底，我们阅读、学习的目的是什么呢，是追求"读了多少书"这个结果本身吗？不是的。我们追求的是在阅读、学习的过程中，把多少知识内化进大脑里，变成自己的东西。只不过后者很难量化，我们才不得不用前者来衡量。

但你一定要理解：前者只是一个手段，是帮助我们求知的一种方式。不要把手段误当成目的，否则就会落入"计数器陷阱"，追逐那些流于表面、没有意义的数值。换句话说，如果仅仅抱着"我要读完一本书"的心态去阅读，会很容易把"持有"当作"拥有"，把阅读的行为，当成学习的效果。

我经常能看到这样的对话。

上个月买的《为什么》，才读了一半，感觉读不下去了，要放弃吗？

《心理学与生活》实在太难理解了，我看了半个月，才读了几十页，什么时候才能读完呀。

我喜欢同时读好几本书，但总是每本书都读不完，这个习惯是不是要纠正？

可是，为什么我们要把"一本书"当成一个单位呢？一本书没有读完，你就什么都没有得到吗？一本书读完了，你就真的学懂了吗？并不是。一本书之所以成为一本书，其中呈现出的是作者的逻辑框架。哪些内容写进去，哪些内容不写，都是由作者决定的。如果在阅读时全盘接受作者的逻辑框架，就只是在复制别人的大脑而已。

总有人非常热衷于讨论"读了多少书"这件事，仿佛它是一种特别值得夸耀的成就。有时候，他们还会热衷于做"思维导图"，做

"干货笔记"，进行内容浓缩，当被问到"这本书都讲了什么"时，他们会非常快地拿出笔记和导图给你看。但是，他自己的看法在哪里呢？

不看思维导图，不提"这本书都讲了什么"，也不引用书里的观点和原话。假设我问你一个话题，你能否脱离开这些材料，告诉我：关于这个话题，你的思考是什么，你的想法是什么？

这就是很多人的症结：过于重视"读很多本书"，过于追求"掌握每一本书"，却很少有人真的思考：在阅读之后，我的看法是什么？我从中学到了什么东西？

之所以出现这种情况，很大程度上是因为，我们下意识地把"读完一本书"当作一个"题目"，把"做完一本书的笔记"看作这个题目的"答案"。这就是"做题式阅读"。

在这种情况下，我们很容易把目的与手段混淆：关注的不再是"我对什么感兴趣"，而是"我得把它读完"；不再是"我能学到多少个知识点"，而是"我读了多少本书"；不再是"我学到了什么方法，思考了什么问题，产出了哪些想法"，而是"我做了多少页笔记，收集了多少篇文章，记住了多少个观点"。

这是没有意义的。你只是在照搬别人的观点，复制别人的大脑。

从作者本位，到以我为主

做题式阅读，本质上是一种作者本位的思路。读者在阅读过程中总是想知道"作者的思路是什么""作者的看法是什么"，仿佛我们读书的目的就是要回答这些问题。

但作者的看法重要吗？不重要。你自己的看法才更重要。作者的看法只是"我的看法"的养料。更有效的阅读，应当从作者本位转换到读者本位。

比如，你今天接触到某个概念，对它很感兴趣，那么就不妨试着用各种渠道、各种方式（包括但不限于读书、讲座、课程、与人交流和提问等），去弄清楚来龙去脉。

你很关心一个话题，读了一本专门讲这个话题的书，这样就够吗？不是的。你应当去多读一些和它相关的书，从中找出与这个话题相关的信息和内容，把它们整合到一起，提炼出一个更加全面的理解——这也就是"我的看法"。基于"我的看法"，再去广泛拓展自己的认知边界，了解其他人关于这个话题的看法。其中有些看法可能跟你的看法相悖、有些跟你的一致，没关系，一起把它们熔为一炉，博采众长，最终提炼出一个更新、更全面、更高层级的"我的看法2.0"版。

上述就是我对于学习的理解，我把它叫作"以我为主，为我所用"。它也是这一章的核心理念，在后面的小节中还会一直被阐发。

可能有读者会疑惑：作者肯定比我懂得多呀。我如何知道"我的看法"是不是对的呢？有这样的疑问是对的，非常重要的一点就是：要有逻辑。

确实存在许多这样的人：对万事万物都有自己的看法，但这些看法常常经不起推敲。那么如何改善这种情况呢？方法也很简单，不要轻易下任何一个断言，永远都要去思考，它背后的逻辑是什么。

以我自己的写作习惯和流程为例：我平时会先积累一个知识库，这个知识库由什么构成呢？由各种"我的看法"，以及构成这些看法的种种案例、论据、材料构成。当我需要讲清楚一个问题时，会找出对应的看法，然后把它作为一个假设，构造一条逻辑链。用这条逻辑链来说明自己如何从客观的事实和数据出发，最终得出"我的看法"。

下一步，就是基于这条逻辑链，去查阅对应的文献、书籍，来检验逻辑链上面的每一环。如果我发现有某一环是经不起检验的，它的依据有问题，我就会调整这个假设，继续检验；如果我发现整条逻辑链是通畅的，我就会结合实践经验，把自己的理解和心得分享出来。

如此，确保逻辑链条上的每一环背后都有坚实的理论和实践作为逻辑支撑，而从每一环到下一环的推理又足够严谨，这个看法就是相对比较能站得住的。

可能又有读者会觉得，这简直就是在做学术研究，平时生活中难道也需要这么认真吗？

这个问题其实关乎你想成为一个什么样的人。如果你只是想通过阅读增加一点谈资，跟别人有话可聊，那确实无须如此麻烦。但如果你想更好地理解这个世界，让自己的心智世界更加接近真实世界，那认真一点又有何妨呢？

认真，你就赢了。

像这样反向倒推自己的每一个看法，寻找是否有坚实的逻辑支撑。如果不能自圆其说，就去读书、搜索信息，寻找支撑。如果发现找到的资料跟原有的看法矛盾，就去寻求"正反合"——这就是一个不断迭代和升级认知的过程。

这个过程，我称为"主动学习"，区别于以"读完一本书""浓缩一本书""做完一本书的导图"这种"被动学习"的模式。

主动学习很困难吗？其实不是。你要做的，只是从被动接收信息多走一步，变成主动探索信息，不要做一个伸手党，也不要停留在自己的舒适区里。很多时候，人与人的差距，也许就在于你能不能比别人多走一步。

那么，如何去构建"我的看法"，搭建属于自己的知识库呢？这一点会在本章第四节里面详细解说。我会与你分享我搭建知识体系、将知识化为己用的方法。

我的学习和成长体系

"以我为主，为我所用"的目的是什么呢？一切我们所学到的知识，最终都是为了更好地增进对这个世界的理解，指导我们的行动。换句话说：只有能够落实到实践中，能够用起来的知识，才是有意义的。无法用起来的知识，囤积在笔记里、记忆里，最终都会慢慢蒙尘，成为被遗忘在仓库里的陈旧累赘。

什么叫"用起来"？解释清楚一个问题，理解生活中的现象，得出更准确的判断，做出更有效的选择……这些都是"用起来"。要么，是能够帮助我们打破对这个世界的认知障壁，理解种种现象背后的原理、机制和规律，也就是"know-why"（知道为什么）；要么，是能够指导我们更有效地行动，帮助我们克服障碍，规避问题，抵达想要的结果，也就是"know-how"（知道怎么做）。

这套体系可以用下面这个模型来描述。

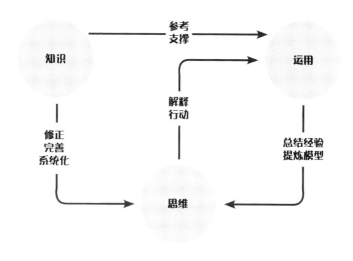

图 5-1

这个模型是我参考大卫·库伯（David Kolb）的"库伯学习圈"调整而来的。我把它分成三个支柱：运用，思维和知识。它们的关系如下。

- 从运用中获取经验，以及从知识中提炼出思想，把它们进行浓缩、融合，形成"我的看法"，成为自己的思维模型和方法论。这是思维。

- 用"我的看法"去试着解释现实生活中的现象，指导行动，解决生活中的实际问题。这是运用。

- 然后，再通过主动的、有针对性的学习，拓展自己的认知边界，引入新的知识，弥补自己思维的缺口，以及对我们的运用进行支撑和完善，进一步让它们更成体系……

举一个现实中的例子。

2013年，我提出了一个"INKP知识管理法"。这个方法是从哪里来的呢？是我读了某本书之后提炼出来的吗？不是的。它的来源，最早是2010年左右，我在反思自己长年累月积累下来的笔记时，发现很多信息其实只是简单地堆积到一起，成为被囤积的"库存"，并没有能够真正被我内化成为知识。于是，通过思考我发现：必须让知识流动起来，它才能创造价值。这就是一个从"运用"到"思维"的过程。

深入接触了心理学和神经科学之后，我发现大脑实际上是一张庞大的概念网络，因而知识的储存其实应该和大脑一样，是一张庞大的、可以随处调用和连接的网络。这是一个从"知识"到"思维"的输入。

随后，我学习了GTD（Getting Things Done），又发现，GTD的很多思想和理念，是可以应用到知识管理里面的，于是我试着把它迁移进来，参照它的理念去修改我系统中的步骤，并在实践中去检验，看看能否取得更好的学习效果。这是从"知识"到"运用"的补充。

再后面，接触了系统论、控制论，又把"框架""系统""动力－阻力"等理念引入进来，从"思维"到"运用"去完善……

像这样，在不断的实践、思考和提炼的过程中把优秀的实践和理念逐一引入，能用的，留下；不相容的，去掉。慢慢地，形成了一套简单但有效的流程。继续在这个过程中优化这套流程，使它和自己逐步契合，运用时更加得心应手。

这也是我想与你分享的：你必须非常清楚，自己遇到了什么问题，产生了什么需求，在这个基础上需要补充什么、摄入什么，再有意识地主动摄取和整合，以自己的实践为导向，最终形成一套适合自己的世界观和方法论——这才是行之有效的学习之道。

实践中遇到的问题，为你的思维成长提供了原料。通过思考和总结，扩充自己的思维工具箱，得以应对更复杂的问题。在这个过程中，学习又为你提供了强有力的支持，让你能够少走许多弯路，更有效地整合自己的经验。

简而言之：来自别人的东西，永远是别人的，唯有自己获取的东西，才是自己的。

明白了这些，我们就能理解，应该用一种什么样的心态去学习。

当我们阅读、学习时，最关键的是什么呢？是要时刻明确自己的目的：我想通过阅读弄懂一个什么问题？在这本书、这门课程里面，我感兴趣的部分是什么？我希望从中收获到什么帮助？

如果一本书是你不感兴趣的，没有必要强迫自己去读；如果一本书的内容你只对一部分感兴趣，那么只读这一部分即可；同时读好几本书，或者把一本书读一半放回去、再读别的书，这些都是可行的做法。读书应该为自己所用，而不是让自己去迁就它。

那么，如果一本书你很感兴趣，但是读不懂，怎么办？这就意味着这本书的难度对你来说过高了，请适当降低一下难度，从更加基础的书开始读，先搭好框架，弄懂基本概念。学习应该从"最近发展区"开始，不要把步子迈得太大。

我们平时在网络上，可能会看到一些感兴趣的碎片化信息，但它们又不够系统，怎么办呢？最好的做法是将它们作为起点去进行探索。如果你觉得一个知识点很有趣，就以它为出发点，去探索它背后的原理、背景、应用，顺藤摸瓜地查资料，把它弄懂、学透。在这个过程中产生的想法和结论，才是真正属于你的东西，也是真正能被你所内化和吸收的东西。

一定要理解：读书，不是让你把大脑变成别人的跑马场，而是要广泛地、大量地去阅读，把更多的书纳入同一个主题里面，让它们彼此碰撞、对抗、融合，去芜存菁。最终留下来自不同渠道的精华信息，形成"我的看法"，去指导我们的实践。

这才是我们要追求的目标。一切外在的信息，最终都必须"以我为主，为我所用"，才能成为自己的知识。

别走捷径：记忆是思考的痕迹

越费力，效果越好

许多人读书学习时，总会追求"省力"。比如，比起读书，更青睐各种"一张图讲透一本书""5分钟讲透一本书""一篇文章讲透一本书"；比起论述，更喜欢看案例、故事，越通俗易懂越好，越简明扼要越好，绝不愿多花一点脑力。

于是，我们可以看到什么现象呢？一方面，读者大肆追捧各种辅助工具，比如思维导图、书籍导读、干货提炼、拆书笔记、听书音频……恨不得把读完一本书的时间从几周缩短到几天、几个小时乃至几分钟。另一方面，各种"贴心的"知识产品大行其道：7天认识一个行业，一本书讲透一个领域，每天5分钟学会一个知识点，用碎片时间提升自我，用故事帮你理解一门学科……琳琅满目，数不胜数。

它们共同的特点是能够帮你"省时间""省脑力"。一本书太复杂看不懂？不要紧，有各种拆解、详解。读完一本书什么都记不住？不要紧，有各种导图、脉络图，帮你提示和概括。这乍一看是一件大好事：时间省下了，脑力腾出了，我们就可以把更多的资源用来吸收更多的信息，从而不断提高自己。但真的如此吗？

试考虑下面两种场景。

● 场景一

读完一篇文章后，末尾有一张脉络图，为你梳理这篇文章的知识点、结构、逻辑脉络。看到这张图你就知道了：这篇文章讲了什么，我学到了什么。

● 场景二

读完一篇文章后，关掉页面，在大脑里回忆"这篇文章写了什么""我刚才看了些什么""我得到了什么"。

大多数人应该都会喜欢前一种，对不对？虽然这样看起来高效、省力、方便，但它对你理解和内化知识是没有帮助的，反而会起到负面作用。

这就是许多人对学习最大的误解：我们总希望阅读和学习能够更轻松、更省力一点。但事实上，我们学习的效果和省力的程度基本是成反比的。

读书的关键永远不在于"读"，而是在于"想"。也就是说：你花费多少脑力，能够获得和巩固的知识就有多少。费尽心思去省时间、省脑力，结果就是，节省了多少脑力，收获也就减少了多少。

认知心理学里有一个重要的理论叫作测试效应。当我们复习学到的知识时，有些人会直接反复阅读学习材料及做下的笔记；有些人会去测试自己，比如读标题回忆正文，读上一句话回忆下一句话……那么，哪种效果更好呢？答案是后者。前者只能在短时间内给你一个"我会了"的错觉，后者才能帮助你把知识点记得更久、记得更牢。

进一步，我们可以把测试大致分为两类，分别是再认和回忆。后者又可以进一步细分为两种，基于线索的回忆和不带线索的自由回忆。

这三者分别是什么意思呢？拿前面的例子来举例。读完文章之后，让你做选择题，问你这几个选项，哪一个在文章里面出现过？这就是再认。依据脉络图，把其余部分补充完整，就是一个线索回忆。而关掉页面，不依靠任何信息，回忆"我刚才看到了什么？"，就是一个自由回忆。

这三种策略，哪一种的长期记忆效果更好呢？相信你也能猜到，效果最佳的是自由回忆，然后是线索回忆，最后才是再认。

不难发现，在测试和反复阅读之中，前者比后者更麻烦、更费脑子；同样，自由回忆、线索回忆和再认，它们的麻烦程度也是依次递减的。也就是说：最省力的做法，效果最差；最麻烦的做法，效果最好。原因在于，我们对知识的记忆和理解取决于大脑认为"它是否重要"。如何才能让大脑觉得一个知识重要呢？最简单的办法就是去"想"，绞尽脑汁，千方百计，从不同角度、不同层面去"想"，去围攻它，把它拆散了，再重新组装起来。

正是这个"拆散了再组装"的过程，把我们学到的知识点，牢牢地"嵌入"大脑里。

但这个过程是需要消耗大量脑力的，它一点也不轻松，甚至非常辛苦。可以说，正是你投入脑力的程度，决定了你透彻理解、掌握和内化一个知识点的程度。

所以，读再多的干货，看再多的笔记，不动脑，也是没有用的。各种知识产品，为了让你更好吸收，会降低其中的信息密度，简化里面的逻辑、结构，让你觉得"更好理解"了。但这种"更好理解"其实只是一种幻觉，真相是你真正能够从中得到的更少了。

记忆是思考的痕迹。我们不是因为强行让自己去记住一个知识点而把它记住，而是因为对它进行了思考，通过这种思考的过程，才能够真正把它牢牢记在脑海中。

几个常见的不良习惯

大脑永远是追求节能和稳定的。我们总是希望更简单、更省力。因此，在生活中，我们总是会尽可能地遵循更短的路径、更方便的做法，从而形成种种不良的习惯。

1. 原文摘抄和复制粘贴

这可能是许多人从学生时代起就养成的习惯。说到做笔记，第一印象就是把书里的原话抄下来、记下来。到了电脑时代，就是直接复制、粘贴，把原文摘录到笔记里。

但这种做法基本是没有用的。原因很简单：摘抄、复制是最省力、最不过脑子的做法，它可以令你感到很舒服，但知识本身不经过大脑加工，所以对于内化和巩固知识点，起不到任何作用。

有读者可能会问：在摘抄和复制的过程中，我好歹也重复了一遍读到的内容，怎么能说没有用呢？

心理学把对信息的加工储存分为两种，分别是精细加工和机械加工。精细加工，指的是经过思考和咀嚼；机械加工，指的是把信息不假思索、不加处理地复制进去。后者的效率是远远低于前者的，甚至可能会产生副作用。

为什么会有副作用呢？一个可能的原因是：摘抄和重复会在短时间内造成一种"熟悉的幻觉"，这会给大脑释放一个信号"我知道它"，那么对大脑而言，它就是一个不那么重要的东西。出于节能的考虑，大脑可能就会减少对它的投入来节省认知资源。

更好的做法是什么呢？是前面讲过的"精细加工"。不要只是复制粘贴，要在理解的基础上，尽量用自己的话去表述，在心里把它讲出来，假设你面前有一个受众，讲给他听[1]。

不要小看这个做法，单单这样一个改变，就能显著地提高学习效率。

2. 追求记住更多内容

很多朋友可能会有一种认知：读书是不是就要记住里面的信息？如果记不住，是不是就表明没有效果？

实际上，完全不是。在信息检索和互联网如此发达的当下，"记住"大量信息，是一种对资源的浪费。再者，大脑天生也不适合记忆，它的储存能力虽然非常强，但提取能力和工作记忆空间极其有限。

那么，我们要去"记忆"的是什么呢？是关于知识的框架和位置。也就是说：对于一个知识点，我们要记住的是它的含义是什么；

---

1 这个方法也叫"费曼学习法"。

它的原理和机制大致是什么；它跟其他知识点之间有什么联系——这些就足够了。至于具体的细节、数据、详情，没有必要记住，我们可以把这个任务交给电脑、搜索引擎，以及我们的笔记。

重点在于：你的脑子里要有一张网络，每个知识点有明确的位置。看到它，你能迅速知道它在哪儿、跟哪些其他节点有联系，这才是最重要的。一切阅读、学习，最终都要归结到这张网络里面，才是真正有效的做法。

如同我经常说的：大脑是用来思考的，不要拿来记忆。

3. 追求浓缩和拆解

许多人会有一种根深蒂固的习惯：读一本书，听一门课，看一篇文章，一定要提炼内容大意和中心思想，一定要彻底弄明白"作者都讲了什么"——仿佛只有这样做了，才算是完成了"学习"这个动作。

他们非常青睐各种对书籍和课程内容的浓缩、提炼、拆解……因为这可以有效地帮他们理解内容大意，弄清楚作者的观点。

但是，第一节已经讲过：做题式阅读，本质上是一种"作者本位"的思路。读书的收获往往不在于书本身，而在于你在阅读过程中，大脑高速运转所产生的一连串火花和联结。也就是说：读书很多时候压根无须去记得"这本书讲了什么""这本书的结构是什么"——这并不重要。你通过阅读这本书，想到了什么，想通了什么，这些才是真正属于你的东西。

也就是说，去追求浓缩、提炼、拆解……其实是买椟还珠。因为阅读真正的价值不在于把一本书的内容囫囵吞下去，不在于记住了多少原文，而在于你在阅读、学习的过程中，思维和作者产生了什么样的碰撞。而这些，是无法通过捷径来绕开的——当你避开了动脑的过程，实际上就放弃了真正的收获。

不妨把读书当作与作者的平等对话。最有价值的是在对话中理顺自己的想法，得到启发和灵感。

4. 追求速成和"干货"

我经常能看到类似这样的评论：文章写得很好，但实在太长了，分析的部分太多，能不能更简单一点，直接告诉我们该怎么做？

这不是一种好的心态。正如我一直所强调的：真正有效的学习，绝不应止步于"怎么做"，更重要的是去探究背后的"为什么"。

任何方法、技巧、模型、洞见、灵感……都绝不是孤立存在的，它们是对情境和经验的高度概括和抽象。换言之，一个方法是怎么来的？一定有一个它想解决的问题，基于某个原理，采用了某种思路，适配某个行为习惯和模式——这些才是它能够奏效背后的原因。

如果你不了解背后这些机制，只是机械地、不过脑子地试图照搬这套方法，那一定是会感到不协调的。

很多人都知道番茄工作法，但经常有人告诉我说它不好用。为什么？因为番茄工作法并不适合每一个人，它适合的是性格严谨、时间观念强的人，适合非创造性而偏管理、实践类的工作。因此，像我这样不喜欢受拘束、工作偏创造性的人来说，就不适合用番茄工作法。这就是它背后的原理和机制。你必须理解这一点，才能知道它是否适合自己，能否拿来应用。

反过来，我自己常用的时间管理法是什么呢？是"小步快走"的工作方式：不以时间为单位，而是把任务切分成一个个小问题，集中精力在一个问题上，攻克，然后休息一会儿，继续下一个问题。

进一步，这个方法非常适合我，但它一定适合你吗？未必。你需要理解它背后的原理，理解它适配什么样的性格和情境，再去有针对性地选择。

因此，比起追求速成、干货、方法论，你要先去理解方法背后的逻辑，再思考自己的需求和实际情况，然后结合以上两点，对方法进行调整，使其更适合自己，成为新的、专属于自己的方法论。

这样看似很麻烦，比起"即学即用"多绕了一大圈。但如果缺少了这个流程，你就永远只是在模仿和复制，并没有真正地学到东西。

生活不是考试，没有唯一的标准答案，只有"更适合自己"的答案。

重塑知识：在脑海里画一张知识地图

我们如何理解新知识？

我想请你阅读下面这段话：

电车难题本质上是一个道德哲学中义务论和目的论的碰撞，它的结果并不是很重要，重要的是做出决定的过程和价值取向，不过这个问题已经被乔舒亚·格林提出的道德双加工模型基本解决了。

这段话里面提到了多少个概念呢？电车难题，义务论，目的论，乔舒亚·格林，道德双加工模型。它的核心概念是电车难题，通过这个概念将其余四个概念串联起来，形成一个新信息。

你可能知道电车难题，但如果你不了解后面这四个概念，那么当你读完这句话，是无法获得任何知识的。它只是塞给你一堆陌生的信息，对你几乎不会有任何帮助。然而，如果你了解这几个概念，一切就不一样了。当你读到"义务论"的时候，脑海中出现的不是这三个字，而是它的源流、观念、不同的学派、优势和劣势；你读到"目的论"时想到的是它的争论、辩驳、修正之后的模型，在政治和经济中的运用，诸如此类。

这时，这句话对你来说，就不再是一句毫无意义的信息——你可以把"电车难题"嵌入由"义务论""目的论"及其他概念所组成的知识之网中，把这个新信息内化成你的知识。这样的学习方式，才是有效的。

任何知识的获取都是如此：我们为什么能够从"不知道"到"知道"？关键就在于，这些我们已知的知识充当了"路标"，为我们指明了新知识的具体位置。在认知心理学上，这些旧知识所构成的路标和网络，就叫作"图式"。

这些图式是如何成为路标的？答案很简单，通过"联系"。作者将新信息和旧的图式联系到了一起，而这些图式又跟我们大脑中更具体的细节（源流、争论等）联系到了一起。通过这种联系的传递，我们就将一个全新的知识点嵌入了知识网络里面。

更进一步，如果你不仅仅知道义务论和目的论的争论，还知道心理学里面对双加工模型的基本诠释，那么你去理解这句话就更加有效了。它相当于把你已知的若干个概念放在一起，告诉你它们之间的联系，组织成一个新的、小小的"局部网络"——这就是一个崭新的知识。

简而言之：学习的本质是什么呢？是将概念节点，通过彼此间的联系，编织成一张新的知识网络。由旧知识所延伸出来的"联系"越丰富，我们对新知识的了解也就越多。

什么叫"在脑海里画一张知识地图"？简单来说，当你获取到任何新信息的时候，要思考的永远都是一个问题：我可以如何把它跟我已知的其他知识点联系起来？

你脑海中已有的图式，就相当于一个个锚点和路标，帮助你定位这个新信息的位置。你能够创建的连接越多，这个新信息在地图上的位置就越稳定、越精确。

当你能够清晰地想到可以从哪几个起点开始，通过什么样的路径，最终抵达这个目的地，当你在脑海中勾勒出整条路线图时，才是真正地内化、掌握了这个知识。

DIKW模型

我们可以用一个模型来更好地理解这个思维方式。

在知识管理领域，有一个非常经典的模型，叫作DIKW模型。它代表了知识管理的四个层级，也是学习的四个层次，分别是：Data（数据）、Information（信息）、Knowledge（知识），以及 Wisdom（智慧）。

比如说"认知资源"。你看到这个词，但你不知道它是什么意思，也不知道它能用来干什么，这时，它对你来说，就是一个数据。

要注意：数据并不是知识。因为你并没有"知道"任何东西，对这个世界的理解也没有任何提升。它对你来说，除了扩充词汇量，没有任何意义。

这时，如果进一步告诉你：认知资源是我们进行思考的基础，它相当于大脑对注意力的控制和调配，当我们专注在每个任务上面时，需要调动认知资源来处理它。那么，它就从一个数据，变成了信息。

在这个过程中，你对它的认识发生了改变。你看到"认知资源"，不再是这四个汉字，它在你脑海中会变成某种类似电脑内存的东西。你会把它跟"工作"联系到一起，知道它们之间会通过某种方式产生交互。于是我们说，它成了一个"信息"——因为你对整个世界的理解，又增进了这么一步。

如果你不但知道"认知资源能影响工作过程"，还知道这个概念是怎么来的，跟哪些概念有关联，有哪些重要的研究、理论，甚至，有哪些重要的论文，分别从什么角度去解释、论证……那么这时，你会发现，它不再是一个孤立的点，而是变成了一张网。在你眼中，"认知资源"这个概念就和各种各样其他的概念一起串了起来。

你会发现，你的视角被拔高了。

想象这个场景：你在一架飞机上，飞机准备起飞，你望向窗外——会看到，地面上的人、车、房子迅速变小，向你远离。渐渐地，你看到一整个机场，一幢幢高楼，一整个城市……视野会变得极其宽广，更多的信息进入脑海中。你会清楚地看到整个"大图景"——这就是把点连成线的感觉。一整片零散的节点连接到一起，产生一种妙不可言的愉悦感。

这就是知识。

数据呈现给你一个概念，信息告诉你它是什么，知识则告诉你它如何与别的事物联系起来。

至于智慧呢？当你在生活中遇到一些现象时，能想到"它和认知资源有关"，能准确地抽象出基本的模型，用认知资源来理解、解释这些现象。那么这时，你就已经把它变成了你的智慧。简而言之，智慧告诉你的是"如何迁移应用"。

这就是我们知识的增进和内化的过程。

"简单化"，还是"讲清楚"？

许多人认为：能把复杂的事物简单化是一种能力，也是我们要追求的目标。因此，他们会很排斥复杂和陌生，会认为：既然能够简单化，那为什么还要用陌生、复杂的语言和概念去描述呢？

他们通常喜欢故事多于说理，喜欢实例多于论述，喜欢类比多于描述……因为这些更具可读性的方式，能够把一个复杂的问题简单化，用他们能够理解的语言表述出来。

但这里其实存在一个问题：复杂的事物本质上是无法被"简单化"的。简单化意味着信息的丢失，也就意味着不准确。

前面讲过，我们对知识的理解和掌握取决于脑海中已有的图式，也就是一个人已有的经验、知识和想法。它是你理解一个新知识的原材料。假设你向一个四岁的小孩解释微积分，他有可能真正理解吗？不太可能。因为他不具备前置知识，不知道什么叫函数、什么叫极限、什么叫导数……当然，你可以用积木告诉他，积分就是把这许许多多个小积木合在一起，但这是一个非常浅层的理解，与积分真正的内涵并不一致。

也就是说：面对一个新知识，如果你的脑海中不存在与之相关的图式，是不可能理解它的。你可以很接近它，也许还可能"碰巧"全对，但无法真的"理解"它——因为"理解"一个事物，本身就意味着用相关的图式去把它拆解。但我们是不具备这个原材料的。

所以，简单化的做法本质上是什么呢？就是把它降维，用与之相似的概念来大致地把它模拟和描述出来，避开那些我们不具备的图式，用我们熟悉的图式来替代。

图式就像材料。需要某种特定的材料，才能搭起某种房子。如果不具备这种材料，你也可以用别的材料去模拟，但搭出来的结果最多就只是"看起来像"，两栋房子的性能一定不可能是一模一样的。

简单化的方式一般就是这么几种：举例子，打比方，做类比，讲故事……也就是用你所熟悉的事物去描述你不熟悉的新知识。但是在这个过程中一定会存在信息的丢失——毕竟它们本质上就是两个不同的东西。

过度摄入简单化的信息会导致一个结果：对于许多知识，我们只是"认识"，并不能真正地"理解"。比如相对论，可能许多人都知道它的一些重要结论，像尺缩效应（Length Contraction）、钟慢效应（Time Dilation）……但我们真的"理解"吗？能够讲清楚爱因斯坦是如何推导出这些结论的吗？能够明白它如何与物理学上的其他理论联系起来吗？如果不能，那我们就没有真正懂得它，只是"认识"这个词，知道它代表什么而已。

我把这种现象叫作"字典式认知"。面对一个个五花八门的术语和概念，我们也许"知道"它代表什么含义，但并不真正理解它的内在逻辑、来龙去脉、运用方法……那么，它对我们而言，最多只是一个"信息"，而不是"知识"。

如果我们的学习只是停留在收集各种各样的"字典式认知"，那么它是无法为实践运用提供任何指导和帮助的。除了给我们提供一点谈资之外，没有任何作用。

我给自己制订了一个原则，就是在写作的时候，永远都不去追求简单化，而是"讲清楚"。也就是说，我如果需要用到一个陌生的概念，会想办法去向你讲述它的来龙去脉、内在逻辑、原理和场景，让你尽可能增进对它的理解。

我不会为了方便阅读而把这个概念简单化，用你更加熟悉的日常语言去替代。因为这样做，实际上是一种不尊重读者的表现，它预设了读者没有能力和兴趣去理解这个复杂的概念。

同样，我也希望你在学习一个新知识的时候，不要只是追求简单化，追求用日常的、简便的方式去理解它。因为这样做知识量是没有任何增长的，只会带来"熟悉的幻觉"。

我们要追求的，是想办法拆解它的逻辑，把它进一步分解成更加基础的概念，然后把它与我们脑海中已有的图式建立联系，绘制出一张知识地图。

核心方法：INKP知识管理法

低效的知识管理

你是否有过这样的感受？

读了很多书，当时可能很有感触，但过了一段时间就忘光了，甚至记不得自己曾经读过这本书；

学了很多知识，懂得了很多道理和方法，但却总是没能落实到生活中，感觉派不上用场；

做了很多笔记，写满了一大堆笔记本，但就任凭它们堆在那里积灰，从来不去翻阅、复习、消化……

我们几乎每时每刻都在接收着各种各样的信息，也努力地去读书、听课、学习，但很多时候，还是感觉自己的脑海中一片混沌，说不清自己学到了什么，获得了什么。这是为什么呢？

最核心的原因是：我们只是在积累信息，而没有把它们变成成体系的知识。大脑是通过联系来保存记忆、调取信息的。不成体系的信息，跟大脑其他信息之间的联系太少，因而很难被我们调用，同样也就不容易被我们长期记住。

因此，构建知识体系的本质，就是使信息之间更有效地联系起来，形成一张详细的知识地图。再通过实践巩固，将其内化成我们的习惯。

但是，大多数人在学习的时候，或多或少都会存在下面这三个问题。

1. 零散

大多数人每天接收的信息都是碎片化的，东一块，西一块，信息之间缺少内在的逻辑和关联性。它们大多是被高度加工之后的"信息快餐"，满足我们对多巴胺的渴求。这就导致了我们并没有真正学到什么，只是自以为学到了而已。

2. 被动

许多人并不知道自己想要什么、需要什么，自己的知识缺口是什么，而是被动地接收各种渠道推送过来的信息，漫无目的地去浏览、学习。这就导致这些信息难以与生活建立关联，无法发挥真正的价值。

3. 囤积

几乎每个人都有做笔记的习惯。但许多人做了笔记，都堆积在本子上、软件里，既没有得到有效的利用，也没有去复习、思考、咀嚼。久而久之，就很容易忘掉曾经学过的东西和记下的东西，把记笔记变成一件白白耗费精力的事情。

为了解决这些问题，让笔记能够更好地被利用起来，我提出了一套"INKP知识管理法"，旨在更有效地搭建起属于自己的知识体系，让知识真正实现价值。

这一节，我会详细介绍这套方法，希望能帮你更加有效地管理和内化知识。

INKP知识管理法纵览

INKP知识管理法，最早是我于2013年在知乎上发表的，题为《如何构建自己的笔记系统？》。2014年又对它做了一次修订。

在最初的版本里，它的名字还是"INK笔记法"，主要针对知识管理。这里的INK分别代表收集（Inbox）、记录（Note）和主题（Knowledge）三大模块，同时这个缩写也暗合了"墨水"（Ink）的含义。后来，我尝试着把它与工作管理结合起来，添加上第四个模块"项目"（Project），形成如今的INKP知识管理法。

那么，什么是INKP呢？

我们可以把整个笔记系统划分成4个文件夹，分别对应INKP四个模块，亦即：文件夹I、N、K和P。

首先，在阅读、学习过程中，你所获取到的一切信息，以及内心产生的灵感和想法，都先全部放入"I"文件夹，把它作为一个"收件箱"。随后，再安排一个时间，集中整理，逐一去处理这些信息。这样做的主要目的是不打断我们的阅读状态，让自己能更加专注在学习之中。

在集中整理信息时，如果对其中某个具体概念、知识点感兴趣，就去通过主动学习和阅读，把它补充完善，使它成为一则更完善的笔记，再把它放入"N"文件夹下。这就形成了一条"概念笔记"。它是我们知识体系的素材和原材料。

下一步，当我们积累了一定数量的概念笔记，并且发现其中某些概念间有内在的逻辑关联时，就可以把它们整合起来，用一页新的笔记去统筹，这就是"主题笔记"。主题笔记统一存放在"K"文件夹下，它保存了我们对于某个领域、某个话题所知道的一切知识。换句话说就是"关于某个话题，我都知道些什么"。它是INKP的核心，也是构成我们知识体系的主干和中枢。

最后，当我们在生活和工作中需要完成一个任务，或者开启一个项目时，就可以打开"项目"文件夹，新建一页"项目笔记"，来做总的统筹。一方面，它可以成为我们行动的总控室和工作台，帮助我们汇总必需的一切信息；另一方面，项目执行完毕之后的经验和复盘，也可以整合到概念和主题里面，成为我们新的知识。

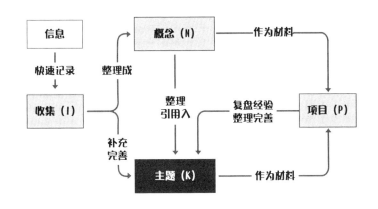

图5-2

这是INKP最基本的框架。接下来，我们来看看INKP最核心的方法和原则[1]。

INKP把传统意义上的笔记大体分成两类，分别是概念笔记和主题笔记。这两种笔记有什么区别呢？简单来说：主题笔记是我们知识体系的核心内容，是笔记系统的中枢；而概念笔记是用来辅助主题笔记的，用来查阅和补充信息，被主题笔记索引和引用。

举个例子，假设你今天看到一篇讲"拖延"的文章，你觉得写得很好，做了一则详细的阅读笔记。下个月，你又看到另一篇讲拖延的文章，内容跟前一篇文章有不少可以互相补充的东西，但也有很多新鲜之处，那么，你该怎么做呢？

传统的做法，可能是把这篇文章再做成一则笔记，然后把两则笔记通过标签或链接放到一起。但这样一来，随着你阅读的文章越来越多，相应的笔记也会越来越多。并且，这些笔记间可能存在千丝万缕的联系：也许有一些交叉、重叠，也许彼此有部分内容可以互相支撑和印证，也许有些地方可以互相补充……但是，它们散落在不同的笔记里面，被人为地割裂开了，该如何把它们组织成一个整体呢？

这个时候，你就可以建立一页主题笔记，叫作"拖延"（K）。然后，把所有跟"拖延"相关的文章笔记内容引用进来，笔记A如何支撑起笔记C，笔记C的某个步骤如何跟笔记B挂钩起来，笔记B跟笔记A之间又有什么样的逻辑关系，诸如此类。

主题笔记就像你大脑的一张工作台，你可以随心所欲地把相关的笔记拆散、排布、组合，组装出属于你自己的看法——这就是你对知识的思考和加工过程。

1　在本节中，我会在笔记名称后面标注（N）、（K）、（P），分别表示概念笔记、主题笔记和项目笔记。

任何时候，只要打开这页主题笔记，你所有关于这个话题已知的知识，就全部都在里面了。一目了然。

这就是"以我为主，为我所用"。信息堆积在那边是没有意义的，只有让它们经过我们大脑的加工，变成大脑思考之后的结果，才能成为我们的知识。

在这个基础上，如果存在一些较为琐碎的细节，不需要放在主题笔记里，但又希望在需要时能够快速查找到，就可以把它们拎出来，单独建一张概念笔记存放，再把这则概念笔记引用到主题笔记里。这样一来，当我们在主题笔记中"畅游"的时候，如果对某个知识点不熟悉，或者希望看到某些内容的细节，打开对应的概念笔记，就能找到。

许多笔记法都会强调数量，鼓励你多去做笔记、积累知识卡片，但INKP并不追求数量。反之，INKP的目标是尽可能地控制笔记的数量，避免过多的笔记囤积。

为什么呢？因为在INKP里，每一条主题笔记代表了你对某一个领域已知的知识，所有这些主题笔记加起来，就代表了你的整个知识体系。其他所有的概念笔记，都是组成这些主题笔记的原料和素材。所以，我们的目标是什么呢？是尽可能去丰富和完善这些主题笔记，而不是去积累大量的概念笔记。

举个例子，比如你对"睡眠"这个话题感兴趣，你可能会读很多书籍、文章，做许多读书笔记，比如睡眠周期、睡眠类型、睡眠卫生、治疗失眠的方法……按照传统的做法，这些笔记可能会有形形色色不同的内容，可能会堆积起来几十张、上百张，散落在笔记本里。看起来很丰富，但实际上很难真正用起来。

那INKP的思路是什么呢？我们先建立一个关于"睡眠"（K）的

主题笔记，把你感兴趣的问题写进去，然后，每当你遇到关于"睡眠"的信息，你第一时间一定是问这么一个问题：这条信息是否能写入"睡眠"（K）主题笔记里？能否放到其中某一个我感兴趣的问题下面？如果能，就直接放进去；如果不能，我们再考虑把它单独拎出来，做成一条概念笔记。

通过这种方式，我们得到的，是一页丰富的"睡眠"（K）主题笔记，以及若干张跟它相关的概念笔记。但这些概念笔记是有序的，它们都以"睡眠"（K）为中心。任何时刻你打开"睡眠"（K），所有跟它相关的信息要点和概念笔记就全都整整齐齐存在里面了。

按照这个做法不断积累，最终你的笔记本里面会存放一系列丰富的主题笔记，每个主题笔记里面都有若干个我们感兴趣的问题，每个问题是我们自己对它的看法与回答，再往下是每一个看法背后的证据和逻辑支撑，接着是每一个证据对应的理论、原理、模型、术语，存放在概念笔记里……就这样，环环相扣，形成一个自上而下、高度有序的知识体系。

在这个过程中，概念笔记起到什么作用呢？一方面，它为你的组装过程提供原材料；另一方面，它帮你精简组装之后的成果。比方说，你在主题笔记里需要引用"默认模式网络"，但它的内容很庞杂，放到主题笔记里会占用很多空间。那么，你就可以把它单独做成一则概念笔记，用来存放关于这个理论的一切细节，再在主题笔记里引用这则概念笔记，来简化这页主题笔记。

进一步，当我们复习、翻阅主题笔记时，还可以对信息进行加工处理。已经非常熟悉的内容，可以省略掉细节，只保留要点和关键词；积累了足够材料的内容，可以写上自己的见解和思考，作为自己的观点；存在信息缺口的内容，可以提醒自己需要去进一步获取信息，来补完这则笔记……

综上所述，你会发现，在INKP体系中，信息始终是在流动的。比如你从书上看到某个方法，它首先会进入收集模块；随后，在定期的整理中被你进一步丰富、完善，成为一则概念笔记；下一步，可能被你引用进多个不同的主题笔记里面，承担起不同的作用，回答不同的问题，成为这些主题笔记的一部分；然后，在你复习的时候，它可能会被你进行二次加工，把信息拆开、重组、完善其中的某个点，变得更加全面。

下一步，就可能进入项目模块，被你落实到实践中，同时记录下实际的反馈和总结复盘；项目结束了，它随着项目一起进入归档，留待以后备查；最后，你从项目中实际执行时获得的反馈，又可以用来改进它，让它更符合你的实际情况，更贴合你的手感。于是，它与其他项目经验一起，再次进入主题笔记，完善、修补自身，更新你的整个知识体系……

这就是INKP的核心原则：以主题为核心，让知识流动起来。

所有的知识，如果只是放在那边囤积起来，它是永远都无法发挥作用的。唯有让知识流动起来，一遍又一遍地经过你的思考，不断完善、修改、丰富自身，指导我们的实践，并从中获得反馈再次自我完善，才能真正地创造价值。

实践和实例讲解

那么，具体到生活中，我是如何践行这套INKP知识管理法的呢？

1. 每一天，当我遇到任何感兴趣的内容时，我都会第一时间把它放进收集里面，然后加上几个简单的关键词，记下自己即时的想法、感受，对这条信息的评述，等等。方便自己在整理的时候，能够尽可能全面地回想起看到它时的感想。

2. 我会给自己设定两个时间。一个是每天晚上的总结时间，对今天记下来的内容做一个简单的整理和回忆，能够分发的信息，立刻整理到对应的概念笔记和主题笔记里；比较复杂、需要进一步学习的信息，就打一个"待处理"的标签，等周末统一处理。到了周末，再花半天左右的时间，对这一周所有的"待处理"进行完善。

如何完善呢？针对每一条待处理信息，我会先问"这条信息引起我兴趣的是什么？我想知道关于它的什么东西？"带着这个问题，去主动查阅资料，补全它的信息和逻辑，再用自己的话把它在心里讲一遍，直到能够解答我自己的疑惑，毫无阻碍为止。

然后，再把这个"讲一遍"的过程简写下来，用自己的话去总结和表述这条信息，把它做成一则概念笔记。

3. 同样，每天和每周末整理的时候，针对每一条信息，我都会问一句"它能否跟别的概念和主题联系起来？"具体而言就是要知道这条信息跟其他知识点之间是否能建立联系？它是否能解释某种现象，解答某个问题？它跟某个知识点之间是否存在共性和相似之处？它能否纳入某一个更大的主题下面，作为这个主题的一部分？

随后，再用链接把它引用到其他概念笔记和主题笔记里，简要写上我的想法和观点，把它"嵌入"其他笔记之中，形成一个新的联系。

反过来，当我翻阅和复习某个主题的时候，我也会去思考：我对这个主题还有哪些地方存在好奇？它的缺口是什么？随后，把这些还想知道的东西记入"待处理"，等周末整理时统一去查阅、学习，补充完善对应的主题笔记。

4. 项目。当我想开启一个新的项目时，比如做一个活动、学一门技能、建立一个习惯，我就在项目模块里开一页笔记，记录所有的备忘信息，以及我关于这个项目所有的行动、反馈、思考和感受，把它作为项目的"总控台"。等到项目结束了，再做一个总的复盘，把能用的信息整理进对应的概念和主题里面，丰富我的知识体系。随后，把这页项目笔记归档，留待以后需要时查询。

最后，就是把复习笔记安排到每周的待办事项里面，定期去翻阅和复习之前做下的笔记，用前面讲过的测试法去巩固印象、加强记忆。

这样讲可能还是有点抽象，接下来，我会用两个简单的实例，帮你更好地理解这套方法。

先看第一个实例：假设你想更好地把本书的内容为己所用，可以怎么做呢？

首先，在阅读的时候，先在收藏夹里新建一页笔记。阅读过程中，碰到任何感兴趣的内容——可能是一个观点，一个理论，或者内心产生的一个想法和问题，都立即记下来，留待后面统一处理，尽量减少花费在上面的时间，避免打断阅读状态。

然后，再安排时间去定期整理。举个例子：假设你从这本书里读到"精神内耗"这个概念，你对它非常感兴趣，就可以找一个时间，让自己去把这个概念弄清楚。包括：作者是如何解释这个概念的？它还有没有其他的解释？它有哪些相关的背景、原理、机制？等等。然后，把这些内容，以及自己的想法和评论，一起做成一页笔记"精神内耗"（N）。这就是你关于这个概念的一则"概念笔记"。

接着，当你对这页概念进行复习、翻阅的时候，就可以不断地问自己：它能跟其他哪些别的概念和主题联系起来？能够用来解释什么内容，支撑什么观点，对我的生活起到什么启发？想办法把它跟更多的知识创建起联系。

比如，你可能会想道，精神内耗是造成我们拖延的重要原因，那么是不是可以引用到"拖延"（K），作为"我们为什么会拖延"的一种回答和可能性？再比如，精神内耗的主要基础是过度活跃的DMN和威胁识别，这跟情绪里面的"恐惧"是不是可以挂钩起来呢？于是，你就可以把"精神内耗"（N）引用到"情绪"（K）这则主题笔记下面，同时跟"威胁识别"（N）"默认模式网络"（N）这两则概念笔记联系起来，等等。

也就是说，一方面，尽可能多地把它跟别的概念联系起来，做一个"平级"的关联，方便我们去发现和找到它们之间的联系；另一方面，把它放入更多的主题下面，做一个"上下级"的整合，让它成为这些主题的一部分，充分发挥出价值。

最后，你可能会觉得，自己平时也有精神内耗的困扰，希望做一个行动计划，让自己摆脱它。于是，你就可以在项目模块下开设一页项目笔记，取名"摆脱精神内耗行动"（P）。给自己设定一个期限（比如一个月），然后，记录自己按照"精神内耗"（N）里面的方法，尝试做出改变的过程。记录下每天采取了什么行动，取得了什么结果，遇到什么问题，产生了什么想法和感受……

等到了一个月，再回过头看一看，跟一个月前的自己相比有没有变化，有没有任何改善。把结果记下来，作为对这个项目的一个总结和报告。再做一个复盘，想一想：在这一个月里，遇到了哪些问题，获得了哪些经验，对"精神内耗"有了哪些更深入的理解——把这些整理一下，重新写入"精神内耗"（N）这则概念笔记里面，让它变得更完善、更全面。

这是一个简单的例子。下面，我们再来看另一个例子。

假设我现在读到一篇文章，讲用户积分体系，我觉得它写得很好。于是，我就可以新建一页笔记，命名"用户积分体系"（N），然后把从文章里得到的启发和思考放进去，作为一条概念笔记。

为什么是以"用户积分体系"而非这篇文章为核心来组织笔记呢？因为，这相当于为以后留了一个接口：一旦以后我再在别的地方看到同样涉及"用户积分体系"的内容，就可以一起放到这页笔记里，而不是再重新做一页笔记。这样就可以把更多的知识汇总到一起，让它们形成一个整体。

同时，在我做笔记的时候，就可以同步思考，

有没有哪些实例能够引入进来，用这个理论来解释？比如，有些我比较熟悉的内容平台或产品，也许能够跟这个理论互相印证，那就可以写进来，再简要写上思考和分析。

这个理论能否跟哪些我已知的知识点建立联系？比如，它跟心理学中某些原理似乎有共通之处，那我就可以用链接把这几页记录联系起来，同样写上思考和评论。

这个理论能给我什么启发，给我提供什么帮助和指导？我可以把自己有感而发的内容写下来，以后在处理类似项目时，也许就可以用得上……

下一步，当我复习这则笔记的时候，再思考这则笔记可以用在什么地方？放进一个什么更大的主题里？比如，它似乎跟管理中的"激励"有关系，那么能否放入"激励"（K）主题下？再比如，它跟

"游戏化"也密切相关，那么是不是也可以放入"游戏化"（K）这个主题下面，作为一个佐证和案例？

又或者，看到这则笔记，我突然想到：搭建一个内容社区时，设计一套用户积分体系也是很重要的，这样可以给用户更好的正反馈，促进用户更活跃地发言和创造内容。那么，我就可以把它放入"内容社区搭建"（K）这个主题下，作为一个可供参考的方法和资源。这样，当我打开"内容社区搭建"（K）时，我就能看到我关于这个主题的所有思考、积累和资料。而当我想进一步了解"用户积分体系"（N）的细节，我再打开对应的概念笔记，就能看到之前积累的信息了。

最后，当我需要真的去做一个内容社区了，我就会打开项目，在里面新建一页笔记"内容社区计划"（P）。一方面，可以作为备忘和存档。比如：我的整体计划是什么，想达到什么效果，调研的反馈是什么，竞品分析的结果是什么……诸如此类，作为项目的统筹管理。

另一方面，它可以成为我的一个"工作台"。当我产生任何有趣的想法时，就可以写在这里，帮助自己理清思路。比如，用户积分体系（N）的规则需要跟社区的价值观保持一致，你鼓励什么，就会得到什么；需要考虑给用户积分体系（N）设计一个最高额度的荣誉奖励，这样可以为用户提供目标（K），产生持续的长期反馈（N）……

类似这样。一切的思考都有迹可循，一切的信息都有条不紊。等到这个项目结束了，这页笔记又可以复盘，再次补充到"用户积分体系""内容社区搭建"等笔记里面，把实践经验固定下来，丰富这个知识体系。

INKP 的四大理念

1. 链接和引用

传统笔记采用的是"分类"的思维。比如你做了一页"认知失调",可能会放入"心理学"的分类;做了"宋朝职官制度",可能会放入"历史"分类。但这样就很容易碰到一个问题:很多笔记可能不是只属于一个分类,怎么办?

比如,你做了一页"意识的预测加工模型",它既与神经科学领域里的意识研究相关,又与人工智能领域里的预测编码相关,还与哲学领域的心灵哲学相关,那么它应该放入哪个分类呢?神经科学,人工智能,还是哲学?

我设计"主题"的初衷,就是为了解决这个问题。在 INKP 中,你不再需要考虑把笔记放入哪个分类里,只需要用链接的方式,把它"引用"到对应的主题里就可以。像上面这个例子,你就可以同时把"意识的预测加工模型"(N)引用到"神经科学"(K)"意识"(K)"人工智能"(K)"预测编码"(K)"哲学"(K)"心灵哲学"(K)这些主题笔记下面。打开这些主题,你都能看到这一页笔记。

在 2020 年之前,这一操作我一直采取手动的方式来完成,好在几乎所有的笔记软件都提供"复制笔记链接"的功能,并不麻烦。2020 年,知识管理界出现了"双向链接"这一新功能,可以更方便地插入已有的笔记链接,以及跳回到链接源,大大地简化了操作。

如今,几乎所有的笔记软件都提供双向链接或反向链接。

当然,我设计 INKP 的初衷就是希望这套方法可以脱离载体的束缚,在任何工具上都能够使用。我的理念是:一套好用的方法,一定不能过度依赖某种工具、某种功能，否则就会受制于这种工具和功能。它应该是普适的，自由的，灵活的。因此，无论你使用什么工具，你都可以使用INKP，只是在操作上会有一些差别。

退一万步，如果你使用最传统的纸笔，是不是就用不了这套方法了呢？当然不是。你可以给每一张概念笔记编上页码，在主题笔记里引用的时候写清楚对应的位置，需要使用时能够按图索骥找到就行。虽然略为烦琐，但是完全可行。

这里，可能有朋友会说，我用标签不就可以了？这样同样可以把一页笔记归入多个不同的标签下面。的确如此。但标签无法替代主题，标签只能筛选出属于同一类别的笔记，但无法把这些笔记放到一起，进行整合、碰撞、重构，发挥出更高的价值。

举个例子，我对"意识"相关的科学很感兴趣，因此在我的知识库里面，有一个"意识"（K）主题笔记，它里面都包含了什么内容呢？七八个关于意识的神经科学流派；十几个哲学上的思维实验；几十位相关的科学家；一系列对应的书籍和重要文献；每个人提出了什么理论、持什么立场、支持或反对什么观点；每个流派跟其他流派之间有什么共通点，理论基础是什么，有哪些实验和案例作为佐证……

这些相关的记录，加起来可能有几十、上百条。如果只是给它们打上标签，筛选出来，放在面前，我也不可能把它们统筹在一起，形成一个总的框架和看法。但通过"意识"（K）主题，我就能够清晰地看到：关于意识我都了解什么，知道什么，有什么样的观点和想法，还有待进一步去补充哪些知识。

2. 知识消化五步法

前面讲了INKP的流程和思路，那么，当我们实际去做一张记录或主题的时候，我们应该如何组织和安排内容，才能最大化笔记的价值，把知识巩固起来呢？

当我记录下一个知识点时，我会采取如下步骤来理解和巩固知识。我把它叫作知识消化五步法，供你参考。

第一步：总结。这个知识点大概讲了什么？用自己的话去提炼、表述，不要照搬原文。

第二步：联系。这个知识点可以跟其他哪些知识点联系起来？试着去引用已有的其他记录。

第三步：举例子。我能想到哪些跟它相关的生活实例？列出能想到的例子。

第四步：写启发。它能给我什么启发，如何指导我的生活实践？写下你觉得能用在实践中的想法。

第五步：记出处。最后，记下我看到它的出处，以备将来查询溯源。如果你对上面自己表述的内容不够有把握，也可以在此处引用原文，方便自己使用时参考原文去理解。

当然，这是一套完整的步骤，并不是说你每一次都要这样去操作。不过，我会建议你，起码在脑海中把前四步过一遍，让这个知识点经过自己的思考、咀嚼，这样才能更有效地理解和内化它。

要注意的是，这个五步法是针对概念笔记的。比如对于"意识"（K）里面的"意识的预测加工模型"（N），我们可以用这个法则去加工；但对于"意识"（K）这个主题本身呢？我们该如何组织这个主题的内容呢？

关于这个问题，我建议的做法是：按照你感兴趣的问题来组织。

比如，我在"意识"（K）主题下面，又细分了这些问题，"意识是什么？""有哪些主要流派和理论？""有哪些重要的科学家？""有哪些前沿的假说和发现？""人工智能里有哪些与意识相关的讨论？""哲学领域里有哪些与意识相关的讨论？""有哪些与意识相关的思维实验？"等等。

再比如，对于"睡眠"（K）这个主题，我就细分了这些问题，"关于晨型和夜型有哪些研究？""关于睡眠周期和时间有哪些研究？""睡眠不足的危害是什么？""睡眠对记忆有什么作用？""睡眠与压力和情绪有什么关系？""为什么我们需要睡眠？""有哪些应对失眠的方法？""做梦的作用和生理机制是什么？"诸如此类。

你无须拘泥于别人的模板和问题，按照自己感兴趣的问题去设计主题即可。毕竟，知识需要满足自己的需求，"以我为主，为我所用"，才能发挥它的价值。

可能有人会问：主题笔记和概念笔记看上去很相似，如何区分它们呢？这就需要从它们的本质入手：主题笔记是构成我们知识体系的主干，概念笔记则相当于形成主题的原材料。对于前者，我们是需要不断去增补、删减、提炼、加工和复习的；而对于后者，我们相对来说不需要进行过多加工，把它放在那里，等需要的时候去查阅即可。

举个例子。"认知心理学"显然是一则主题笔记，因为它是一个很庞大的范畴，我们可以不断往里面增添内容；而"认知重构"则更接近概念笔记，因为它的内容基本是固定的，主要用来查阅，不需要经常更新。

当然，这两者之间并没有绝对的藩篱，概念笔记也是可以升级为主题笔记的。比如你做了一则概念笔记"精神内耗"，在后续的学习和生活中，你发现，许多人对精神内耗的内涵有不同的理解，你想去获取更多元化的理解和解释，那么也可以把它升级为一页主题笔记，让它进入你"主动学习"的视野中，去有意识地汇总更多的相关信息。

3. 自下而上和自上而下

这是两种不同的知识管理理念。有些笔记法可能会强调自下而上，也就是：先不要考虑太多，先去学习。先积累和收集大量的笔记，让它们"自由生长"。然后再通过复习，把它们整合起来，自下而上地构成一个个框架、文章、成果。亦即：先收集素材，再组装成型。

不过，INKP强调的不是自下而上，而是自上而下。也就是先通过积累形成若干个主题，再从这些主题出发，想清楚自己缺少什么，需要去弥补什么，然后有意识地去获取知识来填充这些主题，完善这些主题。简言之：先建立框架，再填充框架。

这两个理念其实没有优劣之分，只是侧重点不同而已。我之所以强调后者，是因为如果过度依赖自下而上的话，很容易造成两个结果。一方面，你收集笔记的过程是漫无目的、没有方向的，这就导致笔记之间过于零散，难以构建有效的联系。另一方面，你也很容易把笔记的整合变成一个"合集"——你只是把它们收集起来，放在一起，但并没有真正地思考和提炼它们之间的逻辑关系。

但是，自上而下也并非没有缺点。比如：它不太适合零基础的朋友，更适合已经有了一定基础的用户；同时更适合那些喜欢钻研某个问题，而不是广泛吸收各种各样知识的人，等等。

所以，最好的做法还是把自下而上和自上而下结合起来，而不是只依赖于其中的某一种。比如我自己，就是以自上而下为主，自下而上为辅。当然，你也可以按照自己的实际情况，去选择一个侧重点，设计它们的分配比例。

具体到INKP中，"上"指的是主题笔记，"下"指的是概念笔记。自上而下，指的是从主题笔记出发，去主动学习和获取关于这个主题我感到好奇的、还想知道的部分。自下而上，指的则是先积累大量概念笔记，再把它们整合成一个新的主题。

要强调的是，我绝不是想说INKP比其他方法更好、更出色，不是的。我的理念一直都是：每一种方法都有它自己的原理和思路，有它更适合的人、更适合的情境。因此，更好的做法是先理清楚自己的实际情况和需求，再基于自己的需求，去有针对性地选择更适合你的方法。

更进一步是把不同方法的特点和优势抽出来，熔为一炉，结合自己的实际情况，把它整合成一套为自己"量身定制"的方法。这才是最有效的。

4. 概念化

你可能会发现，上面所有的例子里，当我提到概念笔记和主题笔记时，都有一个共性：它们全都是词或词组，而不是句子。

实际上，这也是INKP一个非常重要的技巧：概念化。也就是用一个具体概念，去承载一则概念笔记或主题。什么是概念呢？概念反映客观事物的一般的、本质的特征，往往是一个名词或名词性短语。

举个例子，"精神内耗"是一个概念；"拖延"也是一个概念；但"精神内耗是造成拖延的重要因素"就不是一个概念，它是一个命题，是由两个概念"精神内耗""拖延"以及两者的关系"A是B的重要因素"组成的。

那么，为什么要强调概念化呢？一方面，这样可以确保每一则记录都是独一无二的，不会造成重复和冗余；另一方面，可以帮助我们把跟这个概念相关的所有信息全都放进对应的笔记里，方便我们去翻阅和调用。

举几个例子。

你做了一则笔记"精神内耗是造成拖延的重要因素"，现在，你又碰到一个新的知识点"精神内耗的生理基础是DMN和威胁识别"，怎么办？你显然没办法把后者放到前者里面，因为两个内容是不重合的，因此你只能分开做成两则笔记，这就会造成不必要的冗余。

但如果你一开始就把"精神内耗"做成一则概念笔记，那么无论是"精神内耗是造成拖延的重要因素"，还是"精神内耗的生理基础是DMN和威胁识别"，又或者"应对精神内耗的方法"，都可以放进去。后面，只需打开"精神内耗"（N）这则笔记，所有相关的信息，就全部呈现在眼前了。

再比如，你在学做笔记的方法，陆续积累了一些记录，比如："要用自己的话去表述""要对原文进行总结而非照搬""要尽量跟更多的知识点建立联系"……这些记录是零散的，没有办法整合到一起。这个时候，你就可以用一个概念"笔记方法"[1]把它们全都汇总起来——那么，当你需要去做笔记时，只需打开这页"笔记方法"（K），一切相关的技巧和注意点就都在里面了。

可能有朋友会问：如果我想针对一本书或一篇文章做读书笔记，应该怎么做呢？同样把它们做成概念笔记吗？

---

1 "笔记方法"是一个概念，因为它是一个名词性短语，它的中心词是"方法"，定语是"笔记"。当然，你也可以把它写成"做笔记有哪些方法"，两者是等同的，但后者不如前者简洁。

我自己会采取两种做法。第一种，是把这本书或这篇文章做成一页概念笔记，以它的标题命名，然后在笔记内文里写下作者的主要观点以及论述的逻辑、思路和论据。这样，当我以后需要引用作者的观点时，这页概念笔记就可以成为我的原材料。

第二种做法，是从这本书、这篇文章里提炼出一个个概念，针对这些概念做概念笔记，或是新增到已有的概念笔记里面。举个例子，比如我读《时间的秩序》，我可能会提炼出"相对论的时空观"（N）"玻尔兹曼熵"（N）……我会把它们逐一做成一则则概念笔记，然后再新建一页笔记"《时间的秩序》"（N），把前面这些笔记引用进去。

这样，当我打开"《时间的秩序》"（N）这页笔记时，我就可以看到我从这本书里面得到了哪些知识点、做了哪些笔记。而当我从别的渠道获得关于"玻尔兹曼熵""相对论的时空观"等知识点的新知识时，我也可以把这些新知识补充到对应的笔记里，而不受《时间的秩序》这本书的约束。

"概念化"这一点可能有点抽象和晦涩，但它是INKP非常重要的原则。可以说，实践INKP能否取得良好的成效，很大程度上取决于你能否良好遵守这条原则。

INKP是一个非常丰富的方法，由于篇幅所限，书中只能简单介绍它的基本框架和操作流程。如果你在应用时遇到任何疑问，欢迎到本书的"答疑通道"留言，我会为大家答疑解惑。

本 章 复 盘

应试教育与终身学习的逻辑是不同的。基于应试教育的思维方式，很容易出现下列几个误区。

第一个误区：把学习当成做题。生活不是考试，不需要寻找标准答案。我们要做的是以我为主、为我所用，把知识汇聚成"我的看法"。

第二个误区：追求省力和方便。实际上，学习的效果恰恰取决于你所投入的思考。你所获取到的东西，只有经过自己的咀嚼，才能成为你的知识。

第三个误区：追求简化和收集。这只会导向"字典式认知"，知其然不知其所以然。只有去对知识刨根问底，弄清楚来龙去脉，才能延展你的知识网络。

那么，如何更好地管理自己学到的内容呢？可以参考我原创的INKP知识管理法。它可以帮你手把手地构建自己的知识体系，让知识"流动"起来，真正实现为你所用。

希望这一章，能够帮你走出学习的误区，真正明白应该如何去学习。

第六章

深度思考：
如何成为更聪明的人

生活中，我们总是能够看到这样的人：他们看待事物总是更深入，常常能想到我们想不到的东西，对许多话题都能够有自己独到的见解，遇到新的问题总是能灵活地适应和处理……

这种能力是怎么来的呢？是天生的吗，还是能够通过后天的方式训练得到？

其实，许多看起来非常优秀、非常聪明的人，跟普通人并没有本质的差别。他们之所以更聪明，很多时候只是因为他们掌握了系统而有效的思维方式，从而使得自己能够不断成长，把生活中的一切经历，内化、吸收成自己的养料。

换言之：聪明并不是一种可遇不可求的特质，它是可习得的，也是可以通过成长来不断强化的。

这一章，我将跟你分享一套有效的成长和思维方式，帮助你全方位地巩固自己的思考能力，构建一个让自己能够得到不断提升的"成长系统"。

心智拟合度：人是如何成长的

> 成长，就是心智世界对现实世界的拟合

当我们上大学的时候，你会觉得似乎打开了一扇新的大门，从没体验过这样的生活方式。

当我们从大学毕业，开始寻找第一份工作的时候，你会发现，以往学到的知识，跟现实生活似乎有了一些脱节，你需要重新去适应社会。

而当你有了一定的事业，做出了一定的成绩之后，你会感到，对这个世界的理解变得更深刻，看待问题的角度和视野也全然不同……

这是一个人成长的过程。可以说，成长，就是不断用新的认知，打破旧的认知，重建自己的思考方式。

它的本质是什么呢？如果我们把世界看作一个自然演化着的、庞大复杂的系统，把我们的"心智世界"和"现实世界"区分开，那么可以说，一个人成长、变强的过程，其实就是"心智世界"对"现实世界"的拟合。

什么是心智世界？

第一章说过，从我们刚出生的时候起，我们的大脑就在执行一项艰巨的任务：为这个世界建模。

什么意思呢？我们的大脑会通过外界的输入，来"预测"这个世界是什么样的，这就是心智世界。然后，再通过对外界做出干预，获取反馈，来修正和调整这个预测，让心智世界更加接近现实世界的真实样貌。

那么，这个心智世界包括什么呢？我把它分为三部分：概念、规则，框架。

概念，可以被理解为我们对外部世界一切事物的命名。比如：每一只鸟都是不一样的，但都叫作"鸟"；每一本书都是不一样的，但它们都叫作"书"。概念是我们用来认识世界的基础，有了概念，我们才能对外部世界进行思考。

但仅仅有概念是不够的。在现实世界中，不同事物会通过各种各样的关系联系起来，进行互动，这种联系的方式，就叫作规则。

比如，我们之所以去上班，是因为我们（和公司）共同接受一套规则：我们完成公司分配的任务，公司给我们发薪水。我们之所以会去超市买东西，是我们相信在现实工业供应链下，超市的东西是可靠的、正规的，万一出了问题，我们也可以通过投诉来争取自己的正当权益。规则既是动力，也是约束。

最后是框架。它指的是我们的心智世界，由"已知"的部分，向"未知"的部分进行探索、尝试时，所遵循的一套思考方式。举个例子：孩子读故事、看电影时，总喜欢问：谁是好人，谁是坏人？这就是一种框架。在孩子的思维里，世界上的人总可以简单地划分为好人和坏人。所以，当一个新的人出现时，他要么是好人、要么就是坏人——这就是一种利用框架对未知的探索。

这三者是紧密相连的。规则可以帮我们理解新情境，为我们提供框架，来思考和处理新的问题。我们对新问题、新情境的处理方式，又可以反过来沉淀、提炼成新的规则，来丰富我们的心智世界。而这些我们积累起来的规则和框架，我们会对它们命名，把它们归类、整理、储存好，来帮助完善我们的概念体系。

你的心智世界不断吸收外界的信息，不断拓展自己的边界，试图去拟合外在的现实世界，从中提炼出新的概念、规则和框架，来优化和更新旧的模式——这就是一个成长的循环。

为什么说心智世界是成长的本质呢？因为，一切外部信息的流入，都必须经过心智世界的解读；同样，一切我们对外的行为，也都必须经由心智世界向外传播。所以，如果心智世界跟现实世界不一致，就会使我们陷入困境。

举个例子：许多人在阅读、学习时，总是会陷入一个陷阱：学习就是要务于熟练。我把东西全记住了，就是学得好。这其实是不对的。之所以会这样，是因为我们有一种根深蒂固的"考试思维"：一切都有标准答案，我要去"做对"我的答案。

这就是被过往的规则所束缚住了。他们没有意识到，学校与社会适用两套规则。这套在学校里适用的规则，在社会上并不适用。我们要追求的不是死记硬背，而是融会贯通。

同样，许多刚带团队的新手管理者，很难转变自己的角色，遇到问题仍然习惯自己上手，就是因为他们还保持着"执行者"的规则：我要把事情做好。于是，难以忍受转型初期的磨合、授权和"失去控制"的感觉。

但实际上，管理并不在于做好手头上一时的事务——事务是永远都做不完的。管理的要义，是你能够培养起一支有力的队伍，来应对新的问题。这就要求你能够调整自己的思考框架，从旧的模式过渡到新的模式。

所以，为什么面对同样的新情境、新问题，有些人能够更加游刃有余？为什么位于同样的起点，有些人能够更快地适应环境，找到自己的节奏？最主要的原因就是他们能够更有效地更新自己的心智世界，去适应外在环境的变化。

这也就是"智慧"的特征。一个有智慧的人，并不在于记忆力多好、脑子转得多快，而在于他能否时刻保持心态的开放性，快速地理解新的情境，并及时调整自己的状态，让自己始终做好准备。

所以，我们说一个人成长了，其实是什么含义呢？这意味着他能够意识到：外部世界已经发生了变化。旧的心智世界、思维模式，也许已经不再适用了。我需要通过调整参数，来使我的心智世界与新的外部世界更好地拟合。

这种新的拟合，并不是摧毁重建，而是在旧的模式上进行优化，使心智世界能够适配更多样、更广泛的模式。

束缚我们的牢笼

正如我在第一章里面所写的：大脑的本质是一台贝叶斯机器。我们所走出的每一步，都是在训练我们的大脑。同样，我们获取到的概念、规则和框架，既拓展了心智世界的边界，同时也是束缚我们的牢笼。

为什么这么说呢？因为心智世界是会被"强化"和"固化"的。你在同样的位置停留得越久，你对它就会越熟悉。那么，它在你的心智世界里面，就会居于更靠近中心的地位，使你愈加倾向于从它出发，以它为中心去看待别的事物，让别的事物来适应它。

我把这种现象，叫作"中心化效应"。

举个例子。如果你在一个部门里面，部门的风气就是讨好老板，那么久而久之，你就会习惯于用讨好的思维模式去处理问题。这就是一个框架。

你不再会去思考这件事情好不好、对不对、应不应该做，而是会把"能否讨好老板"放到第一位。哪怕你换了一个环境，也很难跳出来。甚至于，你的心智世界，也会随之而发生改变。你会认为，工作就是要讨好老板，其他的都是旁门左道，没什么用。这个信念会占据你心智世界的中心位置，形成一条新的、固化的规则——这就是中心化。

同样，长期使用一个方法去解决问题，你就会养成对这个方法的依赖，从而忽略其他的路径；长期停留于某个岗位、某项技能上，你就会牢牢地被它困住，难以适应离开它的状态；长期采取某种模式去生活和工作，你就会习惯于这种模式，从而无法想象其他的可能性……

这就意味着什么呢？你的心智世界固化了，停留在一个小小的、局部的碎片里，再也无法拓展和生长。

碰巧，这恰恰非常吻合大脑的"节能"和"稳定"需求。为了保证大脑所经验到的意外更少，预测的正确性更高，大脑会倾向于什么呢？停留在相同的位置，维持现状，不再改变。

所以，我们的思维模式，天然地就会趋向于稳定。我们会认为自己积累起来的规则和框架，都是恒定的。它们今天适用，明天也适用，未来依旧适用。因为如果不适用，大脑就需要重新去修正它、完善它，而这会消耗许多能量。

因此，大脑就会构造出一个牢笼，把我们牢牢地困在里面，不断强化我们那些固有的观点和信念，让我们坚信"自己是对的"，如果发现错了，那一定是世界错了。

一个人的成长历程里，最可怕的不是外部世界的变化，也不是冲击，而是心智世界固化了，维持现状，不再生长。

让心智世界保持活力的三条原则

如何让我们的心智世界能够保持活力，不断地保持生长呢？分享三条简单的原则，希望能对你有用。

1. 不一致
当我们接收到跟我们心智世界的基本信念不一致的新信息时，

会有两种可能性：第一种，是接受这个新信息，把它跟旧的信念做对比，找到一个能够使得它们兼容的方式共同存在；第二种，是把这条新信息抛弃，默认它是错的，以维护我们心智世界的稳定和秩序。

很多人会默认选择第二种。我给你的建议是，尽量锻炼自己往第一种的方向靠拢，慢慢把它变成自己的"默认模式"。

如何实现这一点呢？以下是一些日常生活中可行的训练方式。

（1）当你接触到一个不认可的信息时，不要急于摆脱它，先让它在脑子里转一转，思考它的合理性，问一问自己："它有没有可能是对的？我对它的看法是否可能不够全面？"。

（2）当你关注到一个事物的某一面时，试一试去想象它的另一面，试着考虑："有什么东西是我没有看到的？有什么要素、观点、立场是我的盲区？"。

（3）不要依赖于旧的规则和框架，时刻做好"我可能是错的"的心理准备，来更新自己的知识体系。

这有助于你摆脱大脑对稳定的需求，让思维保持生命力。

2. 整体化

在一个地方待久了，你的视野就会逐渐变窄，局限在自己的一亩三分地里面，从而让心智世界失去成长的空间。如何破除这种限制？这就需要你从更高的层次，从整体去看待自己所在的系统。

（1）试着摆脱所处职业的限制，去接触一些平时不会做的事情。比如：如果你是与事打交道的，不妨试着跟人接触一下；如果你是与人打交道的，也不妨试着提升自己对物的眼光和品位。

（2）如果你一直埋头于某个行业、某个岗位，试着跳出来，从整个商业链条去思考，去寻找新的机会和切入点，从而提升你看待事物的视角。

（3）遇到和发现问题时，不要孤立地看待问题，而是把问题放到整个系统里面，去思考问题的根源在哪里？有哪些因素可能影响了问题的存在？

慢慢地，你也许会发现，世界比你想象的要大得多。

3. 多样化

我一直是多样化的拥趸。为什么呢？因为单一就意味着脆弱，只有提高多样性，才能同步提升自己的稳健性和反脆弱性。

无论是生活方式，思考方式，工作方式，职业规划，还是资产配置，我都不推荐"把所有鸡蛋放在一个篮子里"的做法，要尽量丰富自己的选择。

学一门技能，培养一项爱好，发展一项副业，广泛涉猎别的领域……如果有机会，不妨多试试更多可能性。它们未必一定能派上用场，但一定能帮助你增进对世界的理解。

可以参考下面几种做法。

（1）试着给自己定一个目标，每周（或每月）去认识一两位陌生人，同他们聊一聊，了解他们在做什么，了解他们的生活方式和生活习惯。

（2）抽出时间，给自己设定目标，去学习一些新领域的新技能。并以此为契机，去接触该领域里的从业者和专家，理解他们做事的方式和思维习惯。

（3）遇到问题时，试着忘记自己惯用的处理方式，向别人请教，借鉴、参考别人的做法，来增加自己面对问题时可用的思考工具。

最关键的是，打破自己固有的思维方式，让自己看到原来除了我习以为常的生活方式之外，还可以有这样的生活方式；原来除了我一贯的做法以外，还可以用这样的做法去解决问题。

这可以有效地拓宽视野，拓宽心智世界的成长空间，为它提供更广阔的可能性。

变"任务心态"为"实验心态"

任务心态和实验心态

上一节中讲道：人的成长本质上是我们的心智世界不断地自我调整、自我完善，来更好地拟合现实世界。但是，由于大脑对节能和稳定的需求，我们总会有一种维持现状的心态，希望一切都是稳定的、不变的，方便我们以更少的信念为中心，去构建稳定的心智世界。

这就会很容易导致一种思维：生活中，一切的问题和挑战都是一种意外，它们会打破稳定的状态，需要我花费更多的精力和资源去处理。因此，我要用最小的成本把它们全都搞定，让它们尽量不要影响到我。

我把它叫作"任务心态"。在这种心态的驱动下，我们就很容易奔波在"救火"之中，总是想要把一切不稳定的因素变得稳定，难以有闲暇真正去思考和反思，只是想着把手头的任务做完，让自己恢复

　　　　打开心智

稳定状态。

这种心态的问题在于：它会让你一直停留在目前所处的状态和圈子里面。如果你能够接受这一点，那也好；但如果你将来面临新的、未知的挑战，或是企图迈出这个状态，由于你一直没有锻炼过大脑，就很容易遭受风险的冲击。

那么，更好的思维模式是什么呢？是让大脑从习惯稳定变成习惯变化，让大脑接受一个事实：生活是充满未知和不确定性的。你的任务不是偏安一隅、得过且过，而是通过一切的机会不断地充实和丰富自己，让自己变得更强大。这样，当以后面对新的场景和挑战时，才能让自己快速适应过来。我把它叫作"实验心态"。

它的本质是什么呢？就是以"让自己变强"为目的，把生活中一切问题和挑战，都视为一个实验的机会，从中获得经验，作为大脑成长的养料，不断充实大脑。

我把实验心态分成6个模块。

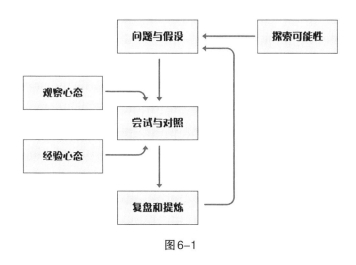

图6-1

接下来，让我们来详细探讨每一个模块。

1. 问题与假设

实验心态的起点是我们对每一天日常生活的审视、质疑和思考。你首先要发现，生活中哪些地方，是"不够好"的，你才会有动力和空间去思考"如何做实验"。

我们在日常生活中，经常容易感到无聊，而这本来就是逼迫你去思考"为什么会无聊""哪里令我不够满意"的机会。但很多人是如何对抗无聊的呢？用短期诱惑，来填满自己的无聊时间。

许多人感到无聊了，就"刷剧"、看电影、打游戏、看小说，要么就是跟朋友出去聚会、喝酒、聊天，想办法来消磨时间。而从来不去思考：造成无聊的根源是什么？什么样的生活，对我来讲才不是无聊的？

这实际上是一种浪费：你白白耗费了大脑对你的提醒，浪费了一次反思和审视的机会。

对此，一个建议是慢慢减少获取单一的刺激奖赏的数量。当你感到无聊，不知道该做什么的时候，不要急着去寻求外在的刺激，而是让自己沉浸入这种状态，问一问自己，

我对现在的生活有什么不满意的地方？

我有什么隐藏在心里的想法还未实现？

什么样体验和经历会让我觉得更充实？

在这个基础上，结合自己每一天的生活和工作，去做一些延伸思考：如果我稍微作出一些改变，会怎么样？

举个例子：如果你每天的工作都是事务性、机械性的，那么可以想一下：如果在这个基础上，让我的工作变得更贴合业务，有一些不

那么机械的事情，我会有什么感觉？

如果你每天都坐在电脑前，从来不跟别人交流，可以想一下：如果我每天多一些与人的交流，比如跟跨部门的同事有一些沟通和对接，我会有什么感觉？

如果你每天都被一系列琐事占满，没有精力和时间去发展一些自己的爱好的事，可以想一下：如果我每天能有半小时的空闲，那么有没有什么爱好和活动，是可以在这个时间里面去发展的……

如果你每一天都在重复自己的前一天，那你这种状态是永远都不可能得到改变的。因此，第一步就是去找出，

我为什么会感到"不够好"？

这种"不够好"的根源是什么？

我也许可以做出什么样的改变？

这就是改变的开始。

2. 尝试和对照

找到了问题所在之后，下一步就是去制订一个"实验计划"。

什么是实验计划呢？简单来说，它需要包含以下几点。

- 设计目标：我要调整的是什么，哪个地方是我可以去做出改变的？
- 实验对照：我可以尝试着采取什么样的做法，让它跟原本的做法形成对比？
- 观察结果：在做实验的过程中，哪些因素是重要的、关键的，需要我去留意和关注？

这整个过程，就叫作"尝试和对照"。它可以有效地帮助你用新的模式去替代旧的模式，并通过这样一点一滴的积累，让自己逐步适

应新的模式，成为新的自己。

举一个简单的例子。如果你是一个社恐患者，每次跟别人聊天时，都不敢跟别人直视，那么可以试着做一个实验计划。

设计目标：我想试一试，下次跟别人谈话时，和他直视，看看会有什么结果。

实验对照：尝试当对方说话的时候，鼓起勇气看着他的眼睛，然后点头表示应和。

观察结果：观察一下，看看自己会有什么样的心理感受，以及对方给出的反馈，跟之前有什么不同。

在这个过程中，注意控制变量，也就是不要追求太大的变化，每一次只采取一个新的行为就可以，着重去观察这个新行为跟以前旧行为模式下，你的心理状态有什么不同，你又会获得什么样的反馈。

同样，你学了一门课程，想改变自己日常的工作模式，那就不妨先从课程里面拎出一个具体的知识点，然后找到一个具体场景（设计目标），有意识地用新的做法代替自己旧的做法（实验对照），再观察看这个新的做法做起来感受如何、结果如何（观察结果）。

我自己也经常采取这个做法。比如每一次讲课，内容大体上是一样的，但是在执行的细节上，我会加入一些新的做法，采取一些不一样的东西，做一个简单的尝试和对照。这样，我就可以更加明确地判断出我采取什么样的行为，有可能得到什么样的结果——把它们之间做一个逻辑上的联系，充实自己的经验库。

一旦你适应这个模式，就会发现：生活和工作中其实有非常多的地方，都可以采取这种尝试和对照的做法。

比如你的工作流程已经非常固定，它不坏，但可能也不够好。那么有没有可能，针对具体的某个环节，想办法采取一个新的措施，再对比它与旧模式的优劣、差异，通过这种方式，不断循环，最终优化出一个最好的工作流程？

这可以帮助你把重复的每一天，都过得非常有趣，非常充实。

3. 观察心态

在"尝试和对照"的过程中，一个非常重要的条件，就是你要具备一个观察者的心态。

什么叫观察者的心态呢？简而言之就是：把自己抽离出来，不要过度沉浸进去，也不要过于看重结果，而是关注过程中自己的感受、细微的变化、获得的反馈，以及从中可能产生的问题和结果。

举个例子，假设你学到了一个思维模型，你想把它用到生活中，那么你应该怎么做呢？

你首先要理解它，知道它是用在什么地方的，然后在生活中去寻找对应的场景，并用它去代替掉旧的思维模式（尝试和对照）。

随后，在使用这套思维模型的过程中，你要注意的是如下的事。

（1）避免对结果的过分关注。你刚开始使用它，不熟练是必然的，也必然很难获得你想要的结果。因此，要特别注意让自己脱离"计数器陷阱"；

（2）记录下过程中遇到的问题。任何一个新的思维方式、技能，都不可能一帆风顺地被你掌握，这个过程中必然会遇到让你感觉不舒服、不适应、不理解的地方，请及时把它们记下来。这就是你弄懂它们和掌握它们的关键；

（3）针对问题做出自己的假设和猜测。针对第二步记录下来的问题，不要停留在这里，而是对它们做出自己的假设和猜测。基于你对这套思维模型的理解，你认为这些问题为什么会产生，它们可以如何被解决？试着动手做一下，并把你的猜测和动手过程记下来；

（4）反复练习，检验有效性。第三步你采取的假设和行动，里面必然有些是比较有效的，有些是错误的或者无效的，但你只通过一次的经验，显然很难判断出哪些有效哪些无效。这时，就可以通过反复的练习来实现。

每一次的练习过程中，都着重去关注每一个行为和它取得的结果（同样参考第二步：尝试和对照），检验它的有效性。那么，当你经历了若干次的练习，你就最终可以总结出一系列有效的、针对问题的应对方式。这个时候，这个思维模型才算真正地被你理解。

当然，这个时候它在你手中，未必跟原来的那个模型一模一样。但这没有关系。我经常说不要去"复制"别人的做法，而是要去理解这些做法为什么奏效、它们的原理是什么，再结合自己的实际情况，去微调这些做法，让它们能够切实地解决你自己的问题，这才是属于你自己的工具。

不难发现，观察心态的重点是什么呢？其实就是观察过程而非结果。这里又有两层含义。

（1）我们每天都会遇到许许多多的问题，其中有很多可能是重复的、机械的、简单的。传统的思维模式，是用旧的路径去快速解决它们，着眼的是"解决"。但这其实是一种浪费，更好的做法是把它们当成机会，拿它们来练手，训练自己新学到的技巧和思维模式。

（2）解决问题的过程，有时候比结果更重要。很多时候，结果可能会吸引我们的注意力，但这个时候，不妨分出一些注意力，去思考"这个方法为什么能奏效"。一方面这能够切实增进你对这个问题的理解，另一方面，这也是对你思维和大脑的锻炼。

4. 经验心态

除了观察心态之外，另外一个非常重要的视角，就是经验心态。什么意思呢？简而言之：把一切挑战和困难，都看作一个提升经验值的机会。不要去过度关注"我是否会失败"，而是更多地关注"我能从中学到什么"。

这也是我践行了很多年、对我帮助颇大的一个习惯。

它跟成长思维其实是紧密相关的。许多人容易陷入固定思维里面，认为自己的能力是固定的，失败只会给我带来坏结果，让我出丑，降低别人对我的评价。于是，很容易踟蹰不前，被陌生的恐惧所吓倒。

但事实上，人的能力并不是一直不变的，而是可以随着你的训练逐步加强。因此，采取成长思维的人，会把一切挑战都视为一种契机——一种为自己获取经验、让自己变强的契机。

因此，采取这种心态，可以带来两个层面的变化。

一个层面，是可以把你的视角，由"关注可能出错的地方"转移到"关注我能做对的地方"，让你卸下对于"我可能会失去什么"的担忧的恐惧，更多地关注到"我可能会得到什么"，从而提升进取心和行动力，不容易被困难吓倒。

另一个层面，是释放你的潜力和可能性。一旦你不再抱着担忧和恐惧，你面对新的困难和挑战时，就越有机会去尝试新的做法、采取新的行动，从而不断化解和克服面临的问题，让自己对问题的思考方式变得更加灵活。

5. 复盘和提炼

经过对问题的挖掘和假设，对行动的尝试和对照之后，下一个步骤，就是对结果的复盘和提炼。

复盘和提炼的目的是什么呢？是进一步地榨取我们所采取的一切行动的价值，是为了让我们的"过去"，能够更好地服务于我们的"未来"。

也就是说：你要从前面的行动里面，提炼、抽象出一套更加普适的，针对一系列同类型场景和问题能够生效的经验，也就是专属于你的思维模型和方法论。

具体操作，可以参考这套步骤。

（1）记录下在前面的"尝试和对照"行动中，你都采取了什么行动，获得了什么反馈，总结成一系列"行动-反馈"的联系。

（2）以这套联系作为原材料，把其中有效的做法提取出来，再串联起来，形成一条有效的"行动-成果"链条。

（3）针对这个链条，向下挖掘，去思考为什么这个行动能够奏效？它解决了一个什么样的子问题？它背后有没有什么可能性的原理在支撑？如果有能力，试着找出这些原理。

（4）基于步骤3，进一步去思考这套"行动-成果"链条能否扩充和拓展？在保持它的核心主干不变的情况下，它对什么样的场景是能够适用的？它适用的问题具备什么特征？

（5）结合步骤2~4，汇总成一个整体。这个整体要包括这套方案可以应对何种类型的情境？它包含哪些步骤？每个步骤的原理和要点是什么？

总而言之，就是先汇总自己的行动和思考，作为主要材料；再对这些材料进行加工，提取出它们的共性；随后进行向下挖掘和向上总结，最终得到一套方案。在这个过程中，如果能够找到对应的原理来支撑，那是最好的；如果找不到，也可以自己试着去理清它的逻辑——这其实就是一个构筑知识体系的机会。

长此以往，你一步步积累下来的这些模型，就会成为真正属于你的、与别人完全区隔开来的核心竞争力。

这也就是我们去"实验"所得到的成果。

6. 探索可能性

最后，在这套流程之外，很重要的一点，就是具备充沛的好奇心，让自己保持源源不断的外在信息的输入。

"任务心态"最大的危险是什么呢？一旦你内化了这种"追求稳定"的规训，就很难真的走出去了。因为，你每多走一步，就意味着多一分的未知和不确定性，也就意味着多一分的不稳定和高耗能。

于是，你就会活在自己的生活圈子里，任凭这个圈子越来越狭小，不敢越雷池一步。那么，哪怕你对自己的生活不够满意，你能够改变和调整的空间，也会相当有限。

所以，一个非常重要的练习就是：在你还没有彻底固化的时候，尽可能地拓展自己的生活边界，接触更多的、不一样的人，了解这个世界运转的方式，知道除了自己的生活之外，还可以有什么样的生活方式。

我建议你先从社交开始。如我在前几节里提到的，多参加一些能够结识陌生人的活动，多认识一些人，去寻求各种潜在的"合作"的可能性，把自己放进一片更大、更浩瀚的海洋里面，任自己浮浮沉沉，看到更大的世界。

然后，试着去做一些创造性的产出，对外部的世界输出你的影响力，扩大你的影响范围。

简而言之：把对于"节能"和"稳定"的追求，变成对于"干预"和"可能性"的追求。不是由于局限在小天地里得到安全感，而是由于接触到的信息网络和资源网络越来越广，有无数的可能性，从可能性之中来获取"安全感"。

这才是开启一个良性的"实验心态"循环的不竭动力来源。

四个思维模型，看透事物本质

什么是思维模型？

你可能会在不少文章和课程里面看到"思维模型"一词，它们可能会用非常复杂的语言去描述它。但实际上，用大白话来说，它其实就是每个人认知世界、思考问题的基本模式和习惯。

举个例子。接收信息时，不盲信，而是先停下，后退一步，去审视信息的真实性和有效性，尽可能筛选出有价值的信息。这其实就是一种思考的习惯，也就是一种最简单的思维模型。

再比如说，当你跟别人沟通的时候，你站在他的立场上，考虑对方的利益、观点、喜好，再有针对性地去说服他，这也是一种思维模型，它可以有效地帮你提高说服和沟通的效果。

什么叫模型？简单来说，就是从一系列元素里面，找出背后的共性，把它们总结、归纳起来，浓缩成一个简单的、可复用和迁移的结构。再把这个结构适配和应用到不同的场景里面，提高我们行动的效率。

所以，为什么思维模型能够帮你洞悉事物本质？就是因为，有效的思维模型，都是对这个世界运行规律的一些总结。它本身就蕴含着关于"事物本质"的信息。它未必能帮助你解决问题，但透过思维模型，你能够更好地去观察事物、思考问题。也许，能够帮你打破一些以往一直存在着的盲区和障碍。

在这一节里，我会跟你分享四个我平时常用的思维模型。希望能给你一些启发，帮你培养起更有效、更良好的思维习惯。

1. 个体－整体模型

什么是个体－整体模型呢？它基于两条假设。

（1）一切事物在底层上都是互相联系的。

（2）整体能提供比个体本身更多的信息。

第一条很好理解，第二条是什么意思？举个例子，你要买一张沙发，除了考虑它的材质、舒适度、耐用性、价格之外，还要考虑什么？它与家里的风格是否搭配。如果你把一张复古的沙发，放进一个现代简约风格的房子里，那显然会非常奇怪。这就是"整体性"。沙发这个个体，放进整体的语境中，就被赋予了新的信息。

再举一个例子。稍微了解过艺术的朋友，可能会发现一个有趣的事情：文艺复兴之后的一段时间里，出现了各种各样描绘维纳斯的绘画，尤其是以提香和乔尔乔内为代表的威尼斯画派画家常创作这一题材。为什么那么多画家喜欢画维纳斯呢？是因为他们崇拜女神吗？

如果你站在现代的角度来看这个问题，就会百思不得其解。但原因其实很简单：当时文艺复兴方兴未艾，传统的思想还非常保守，认为对人体形态之美的描绘是一种伤风败俗的事情。因此，画家只能给画作安上维纳斯的名头，假托女神之名来将其正当化。

再比如，都画人体，为什么威尼斯画派受到的评价，就比洛可可风格的画家更好呢？是因为前者的技法比后者好吗？当然也不是。原因还是要从艺术史里面去找。威尼斯画派崛起时，是文艺复兴时期，人刚从宗教的桎梏中释放出来，那时的人体画叫作"崇尚自由"；而洛可可风格所处的时代，是路易十五时期，当时的法国正处于法国大革命的前夜。所以这时的人体画，就被批评为"奢靡纵欲"，是要被打破的旧势力。

也就是说，我们永远不能孤立地去考虑问题和事物，而应该不断地追问自己，

它的背景和场景是什么？

它为什么会出现？

它的出现带来了什么、导致了什么？

也就是把我们研究的对象本身，通过深入挖掘，将它与我们已知的系统、体系，联系起来，从整体去看待问题。

前面讲的例子都属于艺术史范畴，较容易理解。但有些时候，单单局限在一个领域里面还不够，可能还要跨领域，把不同的知识点联系起来，才能更好地去理解和消化它们。

举个例子。做设计，如何能做出好作品？除了要懂设计，你可能还要懂心理、品牌、市场营销，甚至包括一定的沟通技巧，这样才能向客户交付满意的结果。做产品，除了要懂产品本身，还要懂交互、审美、心理、行业和公司战略，包括项目管理能力，才能高效地完成任务。

事实上，无论你做何种工作，未来的发展趋势，一定是更加往整

体化靠拢。从分工、细化的时代，走向多面、立体的时代。你必须把自己的工作与团队、项目、业务连接起来，从整体的维度去思考，重新审视过往的经验，重新优化、组合，发现新的创新点。

这样，才能找到自己的不可替代性。

2. 输入-输出模型

输入-输出模型是一种非常有效的系统思维模型。

什么是系统？简单来说，系统就是"元素"和"结构"的组合。把一定的元素，通过不同的结构组合起来，使它们具备整体性，这就构成了一个系统。它最关键的一点为系统包含一个"转换"的过程。

什么意思呢？简而言之：系统的存在，一定是因为它达成了一种转换：将某些不够好的、无序的状态，转变成更优的、有序的状态。前者，就叫作输入；后者，就叫作输出。一个系统、一个结构是否高效，是否有存在的价值，就在于它能否更好地将前者，转换为后者。

举个例子。为什么会有企业的存在？为什么我们要受雇于人，而不是自己为自己工作？原因在于：如果没有企业，每个人掌握的技能都是有限的，要谋生，你就必须找到能够跟你互补的人，一起合作生产出产品，再找到有需求的客户，将产品卖给他们，再将得到的利益作分配。

这是一件非常麻烦的事情。在这个过程里，每个人的时间、精力，有极大一部分是被浪费掉的——他们将无法专注在自己的技能和生产上面。这时，他们所有能力产生的总和，可能是10+10+10=20。有一部分被浪费掉了。

　　　　　打开心智

但有了企业，这整个流程，就可以由企业来完成。

同样是这些元素，由一个杂乱的结构，变成有序的结构，就诞生了一个系统"企业"。这个系统的作用，就是将一个无序、低效的状态（每个人都需要找伙伴、合作、找客户），转变成一个有序、高效的状态（公司提供岗位，每个人各司其职）——这就是一个转换。这样，总的产出就一定会比之前高，也许可以达到28、30。

当然，随着信息不对称被打破，触达成本会大大降低，这个系统所起到的作用越来越小，相反，维持它存在的成本居高不下。那么，公司将逐步转向小型化、晶体化，每个人将更多地为自己工作，这是一个可预见的未来。

这就是一个最简单的输入-输出模型。系统的意义，就是通过一个转换，将元素彼此间的结构打破、重组，以达成从输入向输出的转变。

再举一个例子。现在密室逃脱和剧本杀非常火，许多玩家去玩密室、玩剧本，他们的目的是什么呢？仅仅是为了玩一个密室或剧本吗？其实不是的。

我们可以用这个模型分析一下：他们的输入状态，可能是好奇和期待，可能是对社交的需求，可能是对"无事可做"的反抗……那么，他们期望的输出状态是什么？可能是成功地展示了自己，可能是经历了一番惊心动魄的历险，可能是对某些亮点留下深刻的印象，可能是交到了新的朋友，又可能是满足了自己的表达欲、表演欲……

因此，玩家期望从中得到的，不仅仅是一个游戏本身，而是一次完整的、满意的体验。这种体验包括什么呢？整个店的环境，从接待到离开的整体感受，主持人和员工的细致程度，整个游戏与玩家需求的契合程度，流程中感到不耐烦、不舒服的频次更低，同场玩家配合默契，演绎、沉浸、互动等所带来的代入感和新奇感……

换句话说，在这个过程中，主题本身起到的作用其实只是一部分，更重要的是给玩家呈现一个整体的体验，让他们从一个"不够好"的输入状态，转换成"心满意足"的输出状态。

再比如，我写作的时候，也一定会做一个受众和选题分析。怎么分析呢？我会去思考：读者来读我这篇文章，是带着一个什么样的"输入状态"来的？他们对这个选题的预设是什么？他们对相关背景知识有什么了解？他们对文章内容有什么预期和猜测？这些会决定我对文章内容的谋篇布局。

另一方面，就是对"输出状态"的分析。我希望读者读完这篇文章之后，能够得到什么帮助？发生什么改变？产生什么想法？带着什么样的感受和启发离开？这些，就是文章的核心和主旨，也是我会集中精力去布置和设计的地方。

系统思维在生活中的应用，几乎随处可见。企业可以看作一个系统，城市可以看作一个系统，一个餐饮店，一个班级，一个公众号，都可以看作一个完备的、小小的系统。

它的本质，就是帮助你，从更高的维度，用整体的视角，摒弃掉纷繁复杂的干扰，去专注于它的"输入"和"输出"。这就是系统的本质，也是世界上许许多多事物存在、持续发展的本质。

3. 供给-需求模型

供给和需求是经济学里面最基础的概念。它们可以说是商业社会运行的基础，也是一切商业链条能够承接起来的核心。时刻练习用供给-需求模型的视角去看待事物，可以大大敏锐你的商业嗅觉。

举个简单的例子。有朋友问我：我想做自由职业，可以做点什么呢？如何才能靠自由职业活下来呢？我的回答通常都是，想清楚这三个问题。

（1）我有什么？

（2）谁需要这些东西？

（3）我如何能把我已有的东西，转变为别人需要的东西？

想明白了，基本上问题也就迎刃而解了。哪怕解决不了，你也有了思考的方向。

像我一开始做内容产品，在摸索方向的时候，就是这样思考的。每个人在生活中都会遇到非常多的问题，需要一些指导和解释。许多现有的内容，都会给你讲一些大道理，讲一些个人的经验和心得，这很好，但还不够好——很多时候，人们需要的，也许是用更加科学的方式去剖析和解读：为什么会这样？背后普适的原理和机制是什么？

这可能是目前市场上一个尚未被满足的"需求缺口"。而刚好，这是我擅长的地方。既然我有这个能力，为什么不能来做这件事情呢？

所以，我从2016年开始做内容产品的时候，就选择了一条跟别人不一样的路。别人总是力求把文章写得更短、更简单、更易于传播，但我从一开始就决定写"深度长文"。因为，要把一个问题用科学的方式讲清楚，梳理清楚来龙去脉和内在的逻辑，绝不是一两千字可以写完的。因此，我刻意降低了更新频率，而把精力放在提高单篇文章的质量和信息密度上。我要实现的是，哪怕过了5年、10年，再读我的文章，也依然不会过时。

这就是一个把供给和需求结合起来，去尝试满足现有缺口的切入点。

再比如在做内容产品的过程中，我又逐渐发现，许多读者其实都有这么一个需求，生活中碰到很多问题，比如性格上的、人际上的、情绪上的……这些问题没有办法跟身边的人讲，只能自己一个人去消化，这就带来了很多压力。

那么，我是不是可以做这么一个事情，把这些问题揭示出来，把有同样问题的人聚集起来，让每一位读者知道：原来不是我一个人有这些问题和困惑，原来世界上还有这么多跟我一样的人。单单只是知道这一点本身，其实就已经是一种巨大的安慰了。

进一步，我们可以给供给–需求模型，再加上一个环节"约束"，使之成为"供给–需求–约束"模型。

什么是约束呢？它问的是：你的行为会受到什么条件约束？你需要遵从哪些限制、假设和框架？这可以更进一步细化我们的思考。

举个例子。你作为一个部门领导，要推行一个新方针，那么，你得去思考，

部门里有哪些人？

每个人想从部门里获得什么？

每个人为了获得这些东西，愿意付出一些什么？

每个人的思维模式是什么样的？会有什么习惯？会受到什么影响？存在哪些限制？

在这个情况下，你再去把整个部门、业务的逻辑链条理清楚，才能找到下手的地方（当然，也可能发现无法下手）。否则，你的方针只能是一个空中楼阁。

再举个例子。如果你的团队伙伴都是行动派，做事情风风火火（约束），而你要求他们撰写大量的文档和记录，那这个方针是一定实行不下去的。你要考虑如何减少他们的抵触情绪和劳动成本（供给），以及如何让他们觉得"这个方针确实有用"（需求）。

像这样，在生活中，有许多场景，都可以多问自己：它们是如何连接起来的？它们之间的需求、供给和约束，分别是什么？这可以不断提高你深入思考问题的能力。

4.动力-阻力模型

我在许多文章里都讲过：很多问题的本质，其实都是动力与阻力的博弈。动力超过阻力，改变就会发生，行为就会成立，反之，就会停滞——道理就是这么简单。

像第三章提到的，我们都在说"自律""意志力"，但实际上，它对我们意义不大。为什么很多人总是难以"坚持"某个习惯，总是不知不觉就放弃了？最根本的原因就是，这些习惯只是来自外部，而不是发自内心地想去做，从而缺乏最根本的"动力"。

所以，我的主张非常简单：不要去强迫自己坚持某个习惯，而是要去发现，

我不这样做会有什么危害？

我这样做了会有什么好处？

我可以采取什么简单的步骤，一步步逼近目标？

让自己的大脑接受这个理由，慢慢地、一步步地，向设定的目标靠拢。

最简单的例子就是改变晚睡。如果你每天都睡不够，又没办法早睡，老是不想上床，不妨这样思考：能不能给自己一个充分的理由结束这一天，让自己可以安心休息？能不能给明天安排一点小惊喜、小挑战，让自己有兴趣迎接新的一天？前者，比如写日志，记录待办事项，清空大脑，采取一些仪式性的行为；后者，比如给自己设置一些小任务，一些新奇的尝试，一些能调动兴趣的行为，比如"明天起床

之后，我要……"。

这些都是很简单的方法，但往往能奏效。

学习也一样。要想坚持学习，最好的方法是应用。只有从应用中获得满足感和成就感，它们才会反过来成为你坚持学习的动力。而不是靠"学习有用""学习是好的"这些别人灌输的理念，去强迫自己每天读1小时、2小时的书。

不仅仅是个人习惯，很多更宏大的问题，本质上都是动力 – 阻力的博弈。

比如，为什么很多好的方案，总是很难得到实施？原因很简单。好的方案往往意味着改变，而改变会影响到现有的既得利益者，但未来的受益者又尚未得益，存在不确定性，所以，前者的阻力往往比后者的动力更高。这就导致了方案施行困难。

再比如，如果你发现公司里存在一个历史遗留问题，已经非常久了，那么，别急着去动手，你要思考的是：它为什么这么久还没有被人解决？原因无非这么几点，

解决它的成本太高（高阻力）；

解决了它的收益不大，没什么意义（低动力）；

去动它可能涉及其他环节，影响其他人的利益，或是对整个系统产生扰动（高阻力）。

从这个角度思考，你才能真正发现病根所在。

推动一件事情的动力是什么？有哪些因素不希望它发生和改变？不妨试着用动力 – 阻力模型，思考一下生活和工作中的种种现象。你会更容易发现其中的症结。

群体偏见：警惕这个思维的陷阱

为什么我们容易被立场困住？

日常生活中，最容易阻碍我们有效思考的陷阱，是什么？

这个问题可能有很多种答案，但如果要找出一个最常见、最典型的选项，我认为，是立场先行。

小到"咸党甜党"之争、文科理科之争，大到地域对立、性别对立、身份对立……许多平时温文尔雅、有礼有节的人，只要一涉及立场，都很容易变得激动起来，卷入纷争之中。

为什么会这样呢？为什么我们总是容易受到立场的影响，容不下不同观点和理念，总是希望去战胜对方、压过对方呢？

这一节，我想跟你一起，从深层次来探讨这种现象的发生和运转机制。

我们先从大脑的运作机制讲起。

第一章里面我们讨论过，大脑有很多种不同的"双路径模型"，其中比较知名的，就是丹尼尔·卡尼曼提出的"系统一和系统二"。亦即，当我们在做出决策的时候，往往是依赖直觉和启发式做出不假思索的判断，而不是依赖理性去深思熟虑。

其实，这一模型对道德和立场也是同样适用的。心理学家乔纳森·海特（Jonathan Haidt）在20世纪90年代提出了一个"社会直觉主义"理论，认为：我们是如何判断一件事情"好不好"和"应不应该"的呢？答案是：先通过直觉做出一个判断，再用理性去给这个判断辩护。

换句话说，当一个人旗帜鲜明地支持某个观点和立场时，他实际上是经过了什么样的思考过程呢？是经过深思熟虑和认真思考吗？不是的。大多数情况下，他只是出于直觉，快速地给自己选了一个立场，然后再为自己选的这个立场找理由、找原因，去为它辩护。

那么，他的这种直觉来自哪里呢？来自他成长过程中所接触的环境和信息。这些信息构成他的数据库，帮助他对新的问题作出下意识的判断和应答。

这是一个非常有趣、也非常重要的理论，它告诉我们：很多时候，我们并不是依赖理性思考去得出一个更好的结果，而是把理性当成工具，去为我们早就得出的结果辩护，维护我们的立场而已。

简而言之，我们总会有一种倾向，那就是"我没有错"。如果你跟我不一样，那肯定是你错了，我要想办法反驳你、击败你，证明"我是对的"，这样才能维持我内在的认知一致性。

因此，从这个角度来讲，我们所有人都是"立场先行"的。我们所谓的理性，只不过是我们的立场自我维护、自我说服的工具而已。

这一点，其实也可以用第一章讲过的四个原理来解释。

预测：我们过往所接受的一切信息，会形成我们的预测数据库，主导我们对新信息的理解和立场。

节能：面对新问题，为了尽可能减少能量消耗，大脑往往会直接调用预测数据库来做出判断，基于过去的经验给自己选一个立场。

稳定：做出判断之后，为了避免让自己感到"我错了"，我们会运用理性来为自己辩护、找理由，包括忽视不符合立场的信息，以及攻击相反立场的"对方"。

反馈：通过上一步，我们从"我没有错"里面获得了正向反馈，于是进一步强化我们的立场，让我们更加坚信自己是对的……

所以，为什么许多人总是会坚信自己的观点，哪怕把相反的证据摆在他面前，他也不接受反驳？因为这套机制太强大了，哪怕是很理性的人，也难以抵抗这种力量，不得不让理性退居到二线，成为立场的帮凶。

为什么说绝大多数的争论都没有意义？因为绝大多数人都不会想着"我要接近真理"，而是拼命去证明自己的观点。到最后，双方都变成自说自话，只是看谁声音大或谁先受不了而已。

因此，我经常说，思考的最困难的是什么？就是对自我的颠覆。那意味着，你要否定你自己的一部分。

群体偏见：一切争端的元凶

以上是个人层面的分析。而当个人组成群体之后，会怎么样呢？这种现象会变好吗？很遗憾，恐怕也不会。

社会心理学家亨利·塔菲尔（Henri Tajfel）和约翰·特纳（John Turner）等人提出过一个经典的"社会认同理论"。他们认为：个体为了更好地生存和发展，会倾向于依附群体，获得群体的庇护。从而，人们天生会把其他人划分成"我们"和"他们"。这种划分一旦完成，一个人就必然会更加维护同类，更加排斥异类。

具体而言，就是下面这三个步骤。

1. 社会分类。我们会把各种各样的人分成不同类别，然后再给自己贴标签，把自己归到其中一类。

2. 社会认同。我们会总结出所属群体的行事模式，并要求自己按照这个模式去行动，以得到这个圈子、群体的认可。

3. 社会比较。为了保证优越感，我们会把所属群体跟其他群体进行比较，并设法找到"我们"比"他们"更好的地方。

举个常见的例子：消费。高档品、奢侈品存在的意义是什么？它们真的比平价商品质量高出那么多吗？当然不是。它们的意义是借由消费，消费者可以获得一张"圈子的名片"，让他们感到"我是有身份、有地位的人，跟普通人不一样了"。

同样，许多鄙视链现象，原理也是一样的。看英剧的鄙视看美剧的，看美剧的鄙视看日剧的，看日剧的鄙视看韩剧、国产剧的……其实看什么剧能说明什么呢？什么也说明不了。但这并不妨碍他们把看剧跟审美和品味联系到一起，寻求社会认同和社会比较。

社会心理学家玛丽莲·布鲁尔（Marilynn B.Brewer）把这种现象归纳为"群体偏见"。她认为，这种群体偏见，正是许许多多冲突和争端的源头。

人们之所以会产生冲突，最本质的原因在于：我们总是在内心深处，把不同的人划分成"我们"和"他们"，然后，不断去寻求理由，来证明"我们"比"他们"更优秀、更出色。

这种划分是怎么形成的呢？答案是，完全随意。我们可能凭兴趣去划分，凭地域去划分，凭观点和立场去划分，凭是否同一个小组去划分……它是广泛存在的。甚至，这种划分可能是不固定的，会随着不同的场景而变化。比如，公司里有一个跟你性格相似的人，你就很可能把他划分成"我们"。但过了几天，他发表了一些跟你相悖的观点，那么可能在你心目中，这个人又会被划成"他们"。

2011年的一个实验给我留下了非常深刻的印象。实验中，心理学家把一群5岁的儿童随机分成几组，让他们做游戏。结果发现哪怕这种分组是完全随机的，甚至完全不涉及任何竞争，在这群不谙世事的儿童里，也出现了"群体偏见"：他们普遍更喜欢组内的人，更不喜欢别组的人。

这或许可以说明，很多时候，当我们去评判一件事、一个人时，要完全跳出立场，做到客观理性，非常困难。

这种群体认同和对立是无处不在的。一个人，每天的生活起居、衣食住行，都可以形成不同的群体。用什么手机，喝什么饮料，穿什么衣服，怎样消磨时间，喜欢发文字还是语音，甚至连早睡和晚睡，都可以有群体偏见。

人类的文明史，就是一个个小圈子、小群体不断演化的历史。

群体极化：我们是如何走向极端的

群体偏见可能发展成什么呢？有一种可能是"群体极化"。

群体极化是一个心理学名词，它最早是在管理学中用于描述决策和风险的。1961年，麻省理工学院的詹姆斯·斯托纳（James A. F. Stoner）发现：当人们进行小组讨论之后，比起单独思考，他们的态度往往会变得更极端，倾向于采取风险更大的选择。这被他称为"风险转移"。

后来，心理学家发现，不仅仅是风险偏好，几乎在任何一个领域，一群意见相似的人聚在一起之后，所形成的群体态度和决策，往往都会显得更极端、更强烈。

1979年，心理学家查尔斯·洛德（Charles G. Lord）等人做了一个非常经典的实验：他们把一批人集中在一起，这批人中，有人认为应该废除死刑，有人认为应该保留死刑。然后，让他们分别为自己对死刑的态度打分，并进行讨论。

在讨论过程中，实验方给他们提供了两份相反的报告。一份认为死刑有威慑力，一份认为没有。接着，再让他们给自己对死刑的态度打分。

结果是什么呢？支持废除死刑的人，经过讨论和阅读报告，更加坚定地认为应该废除死刑；另一方则更加坚定地认为应该保留死刑。双方的态度都被强化了。

这就是"群体极化"：当相似的个体形成群体，整体的观点和态度，都会滑向更极端的方向。

相关的观察和研究还有非常多。比如，当陪审团作出宽松的判决后，再进行小组讨论，往往会作出更宽松的裁决。反之，如果作出严厉的判决，再经过小组讨论，一般商定的赔偿金额会更重。

它的成因是什么呢？其实，结合前面讲过的个人和群体分析，不难看出它的成因。它由三个因素构成：极端观点，群体认同，以及群体偏见。

在一个群体中，首先发出声音的，或者"声音最大"的，多半是观点最极端、最激烈的人，他们有最强的动力去传播观点。在这种情况下，这种声音会成为群体的主流。而其他的温和派，出于群体认同的心态，并不会去强烈反对它。甚至，还可能会去鼓励它、强化它。

这就会导致"沉默的螺旋"。极端观点不断得到强化，不断变得更强硬、更极端。

如果这时，外界产生了一些针对群体的对立，或者提出相反的论据，就会激起群体偏见。他们不但不会自省，还会出于跟外界对抗和比较的心态，变得更加团结、封闭、抵触。

这一系列过程，表现在外，就是群体极化。

群体极化其实一直都存在，但是互联网和新媒体的发展，大大加剧了这种趋势。原因很简单：传统的模式下，人与人之间要交流、讨论，并不容易，故而极端观点不容易得到认同和拥护。但互联网打通了沟通壁垒。今天，任何一个人，任何一个观点，都可以在网上找到拥趸。故而，群体的诞生，变得再无障碍。

尤其在算法时代，基于特征和标签的内容分发模式，让每个人困守在自己感兴趣的领域中，看到自己愿意看的内容、相信自己愿意相信的内容。这就导致了，人群被更大程度地隔绝开来。你作为一个个体，只会永远跟相似的个体在一起。

另一方面，网络上基于文字的沟通，取消了大量的神态、语气、肢体语言，相当于减少了超过一半的信息量。这导致什么呢？大量的误解。我们更加容易因一言而不合，更加轻易地因为别人的一句话而愤怒。

这或许就是这个时代，不少人变得更加浮躁，更加立场先行，更容易争论的原因。

但是，尽管"我们"跟"他们"的对立是刻在我们基因里面的印记。但我想跟大家说的是：不要放弃对理性的追求。

当然，追求理性，不是说凡事都要客观中立，不是说要让自己变成机器人，不是说要把一切事物冷冰冰地量化、权衡利弊，而是让我们的心智，成长得更完善、更全面，能够抵抗我们本能里面对现实的扭曲。

我们的祖先用了这么多年去创造文明，不是为了让我们活得跟他们一样的。

多阅读，多主动探索，多深度思考，不要满足于外界推送给我们、挑拨情绪的浅薄内容和浮夸资讯。多思考事物的多面性，而不是满足于给事物贴标签，二元对立、非黑即白地看待问题。

常常审视和思考自己的局限性，抱持"我不可能一直都是对的"的心态，让自己有一个警醒。不要单纯用立场去看问题、看别人，就事论事，尽量抽离自己的观点和情绪。

实际上，关于群体极化，有一个非常有趣的实验结果：意见相似的人彼此交流，很可能催生群体极化——那如果是意见不同的人放在一起呢？

答案是，如果一群人并没有达成一致，有着不同的立场，经过充分的讨论、沟通后，结果往往是每个人会更倾向于从双面考虑自己的观点，整体会呈现出更中立、更温和的趋势——这被称为"去极化"。

因此，不妨试着打破自己熟悉的圈子，不要只和认同自己、肯定自己的人沟通，多跟不同的人交流，把自己的观点放到一个公共场域中去讨论，让它去接受检验，接受冲击，接受融合。

我们可能无法决定环境，但我们可以让自己变得更好，一步步完善自身，再去影响身边的人。

正是因为我们相信理性的力量，我们才能坚信，人类这个文明，能够一步步走向更好的明天。

把思考变成乐趣

未经审视的生活是无趣的

经常有读者问我：你总说我们要多思考，可是每天的生活就是那样，究竟要怎么思考，思考什么呢？

我想与你分享一个例子。

我平时的娱乐很少，比较感兴趣的是看推理小说。我读书又比较快，大约半天就能读完一本。但我不会读完一本小说就把它抛诸脑后，而是会对每本书做一个档案。档案里有什么呢？我会简略记录下每本小说的剧情梗概和叙事诡计，再简要写上几句评析，分析它用了什么样的诡计，在哪些地方做铺垫、埋伏笔，如何误导读者，以及本身的逻辑链条是否严谨合理，等等。

积累到一定时间，我就把它们整理到一个"推理小说诡计讲义"的项目里面，里面汇总了各种各样推理小说常用的诡计，以及它们的征兆、技巧和典型案例。假以时日，也许它能成为一本推理小说的写作参考书。

为什么提这个呢？主要是想告诉大家，不要把思考当成一件很严肃的事，也不要觉得只有"正经事"才值得去思考。生活中每一个细节，只要你去咀嚼、加工，让它跟你发生联系，都可以是一种思考。思考本来就应该是生活中的一种习惯。

就像前面这个例子，很多人读一篇小说，专注的是当下的感受，读完就完了。过了一段时间，也许还记得一点人物和剧情片段，也许完全忘记了。这很正常。但其实可以更进一步，一边读，一边让自己去思考：这部小说好在哪里，为什么好？不好在哪里，可以如何改进？我从中可以学到什么，思考到什么？

正如我在前文中强调的一句话：很多时候，读一本书、一篇文章，你从中读到了什么，不一定很重要，你在这个过程中想到了什么，才是最重要的。

为什么？因为你所读到、看到的事物，都是外在于你的，它们并不是你的一部分；反过来，只有当你跟它们产生共鸣，你在大脑里对它们进行深入的加工，它们才跟你的生活产生了联系。

生命是什么？其实就是一系列的事件，在时间之流中起伏、涌动。而我们每一个人，都驾着一叶小舟，漂流在时间之流上，不断地与这些事件碰触、发生联系。如果仅仅停留在"感受"，那你实际上是没有生活的。你只是不断在"遭遇"它们，接触，丢下，离开，前往下一个地点。重复循环，直到生命尽头。

什么样才算是"生活"呢？只有当你对这些事件进行筛选，把一部分容纳到自己内部，再用它们与新的事件互动、交换，再次容纳新的东西进来……如此循环往复。那些历经一路最终留在我们船上的，才构成了我们的人生。

举个例子。看完一部电影，只是停留在"喔，还不错"的程度，那也许过不久就会淡忘，只会记得"我好像看过它"。但如果你能从中得到某种东西——也许是一种启发，灵感，审美体验，抑或是一种力量，你会在某个深夜突然想到并进行反刍，会代入人物的内心世界去剖析和审视自己，会推荐和分享给朋友，甚至对它的技法进行一些思考和探讨……那么，它就会成为你生活的一部分，成为你用来思考其他问题、理解其他问题的一种方式。

当然，绝对的有和无是不存在的，所有人或多或少都会有思考，只是程度和量的区别而已。但是，当我们说一个人的生活"丰富"或者"贫瘠"时，我们指的是什么呢？很大程度上，就是指这个人内心世界相对于外在世界的复杂程度：是简单地复制和模拟它，还是会对其进行复杂的加工？

只有当你有选择性地、主动地对信息进行批判、审视、加工的时候，我们作为人类的主体性才得以体现。

所以，很多朋友会说：为什么要动脑呢？我不动脑也觉得很快乐，这不就足够了吗？

但在我看来，生活的意义是什么呢？并不仅仅是快乐，也不只是体验，而是我们作为一个主体的成长。并且，通过这种成长，能够更好地跟这个世界交互，能够干预和影响这个世界的其他主体。

这是比起单纯的快乐，更有意思，也更有价值的事情。

五种需要避免的模式

思考的本质是大脑对信息的加工，你首先需要足够的信息，才能开始加工。获取这些信息的过程，就是学习，也叫作"输入"。

同样，当我们对信息加工处理之后，会收获一些成果，可能是灵感，可能是观点，可能是文字，也可能是行动……总而言之，我们大脑中原本杂乱的想法，会通过这个加工过程，变成有序的思考。这就是"输出"。

这就是第三节里面讲到的输入–输出模型。我们再把中间过程的"处理"体现出来，就构成了一个更加完整的"输入–处理–输出"模型。在我们的生活、学习和成长的过程中，只有维持这三者的平衡，让信息充分流动起来，才是有效的。如果缺乏了其中某一个环节，就会造成失衡。这也是我们需要避免的"五种模式"。

1. 松鼠模式：只有输入，缺少加工和输出。

这会造成信息的囤积。读了很多书，听了很多课，但只是把它们存进笔记里，从来不去思考或行动。久而久之，笔记本越来越厚，但你从中真正获取到了什么，得到什么改变了吗？没有。

2. 青蛙模式：只有加工和输出，缺乏输入。

这会导向无意义的幻想，也就是"思而不学则殆"。有效的思考，是以思考为起点，去主动地、有针对性地获取信息，来支撑自己或者修正自己，构建自己的知识体系；而无效的思考，是以思考为终点，停留在自己编织的逻辑里面，把自己的世界封闭起来。就像坐井观天的青蛙一样，听不见外面的声音，局限在自己的世界里，难以成长。

3. 金鱼模式：只有加工和输入，缺乏输出。

这会造成生命体验的碎片化。你会感觉你的人生是由一个个碎片组合起来的，想法、灵感、计划……就像"金鱼只有7秒记忆"一样，仿佛总是产生了就又消失，难以构成一个整体。原因就在于：你没有把这些无序的想法重构成有序的思考成果，并落实到行动，从而，你的体验可能会很充盈，但会缺乏真正有效的成长。

4. 驴子模式：只有输出，缺乏输入和加工。

这会导向"盲目"，就像推磨的驴子。如同我之前说过的，单单为了做一件事情而去做它，但却不去想"我为什么要去做"，从而把大量的时间和精力耗费在可能毫无意义、毫无价值的事情上，像无头苍蝇一样不顾方向地折腾。

5. 鹦鹉模式：只有输入和输出，缺乏加工。

这就是你只在"复读"别人的观点，没有一丝一毫自己的理解。那你的生活又在哪里呢？

好的生活方式，一定是要避开这五种模式的。希望能够与你共勉。

一套高效的思考工具箱

在这个过程中，有哪些基本的思考技巧，可以帮助大脑转动起来呢？

分享一套我总结出来的思考工具箱，希望能给你一些启发。

1. 复述：我获取到了什么信息？

无论是读书、听课，还是在工作中学习新技能、新经验，时时刻刻在内心反刍，多问问自己。让自己复述获取到的信息，是一个非常有效的办法。

一方面，它可以有效拓宽你的认知空间，强迫你调用大脑，提高记忆力；另一方面，它可以帮助你更好地整合你的生活经验，把它变成一个有序的整体。

2. 提炼：在这些东西里面，最核心的是什么？

经常有朋友问我，如何提高自己提炼信息的能力？实际上，这个没有什么技巧，最好的方式就是多练习。

读一本书，问自己：它最吸引我的一个点是什么？是什么使得它跟别的作品不一样？

跟别人沟通之前，问自己：如果只能用一句话表达我的想法，我会说什么？

读完一篇文章，闭上眼睛思考一下：作者最核心的观点是什么？哪些东西是把它删掉也没关系的，哪些是绝对不能删掉的？

......

慢慢练习，你会发现，你对信息的敏锐度变得越来越高。

3. 整合：我如何从一个更高的地方去鸟瞰它？

举个例子。你读了很多文学作品，那是否可以去试着总结它们的共性、写法、结构？比如找出一些这个作者的特点，他想表达和探索的东西，或者这一类作品的常见模式……像我前面讲过的"推理小说诡计讲义"，就是这么一个思路。

同样，如果你读了关于一个领域的许多资料，那么你是否能够自己动手整理出这个领域的一个大致框架和学习路径？这些都是可以去思考的事情。

4. 分析：产生它的原因可能是什么？

我有一个习惯，在日常生活中看到一个事件，或者一种现象，我会试着去把它抽象，给它建立一个模型，再去思考：这属于一种什么样的现象，产生它的原因有可能是什么？

当然，要避免自己陷入"青蛙模式"，最好是对自己的判断和猜想保持怀疑和审视，能够找资料去支撑它更好。这可以有效地调动你的大脑，让你变得更加聪明。

5. 批判：我可以选择相信什么？

这就是常见的批判性思维和独立思考了。最简单的，就是多问问自己，

作者的核心论点是什么？

他的论据和逻辑是什么？

我在多大的程度上能够相信和接受它们？

实际上，批判的意思绝不是判断二元对立的对和错、真和假，而是像这样，1是完全不信，5是完全相信，我对这个观点和结论打几分，可以抱持多少的信任度？

绝对的相信和否定都是危险的。能够容纳更多的信念，让自己逐一去厘清和审查它们，有针对性地去芜存菁，同时不排斥被推翻的可能性，才是一个人脑力的表现。

6. 代入：如果是我，我会怎么做？

我有一个小习惯，在生活中经常会转转念头，想一想：如果是我，我会怎么做？

比如去探访、参观一些实体店铺的时候，我会考虑：这个效果是怎么打造出来的？大概的成本是多少？如果以后我也做，会不会考虑借鉴？跟别人交流、聊天时，聊到一个有意思的模式，我也会想一想：这个模式有没有哪个地方跟我是契合的？我可以如何把它引入进来？那些地方是我可以考虑尝试一下的？

我们经常说"产品思维""商业思维"，其实这就是一个训练产品和商业思维的非常有效的小技巧，它可以帮助你拓宽对世界的理解。

7. 联系：它可以与什么东西联系起来？

这是我一直强调的一种思维方式，可以说是对我影响最大的一种思维方式。

举个例子。学到一个知识点，我会思考：它可以解释生活中的哪些现象？它的原理和机制可能涉及什么？有哪些知识点跟它的原理可能是一致的？读一篇文章，我也会想：我有没有读过内容和主题类似的文章？它们的观点有哪些共性和区别？我能否从一个更高的层级去鸟瞰它们，把它们综合起来？

知识是有网络外部性（network externality）的。任何一个知识点都绝不是孤立的，它一定要跟其他的知识点联系起来，才能发挥它的价值。联系的知识点越多，它的价值也就越高。

8. 定向：对我来说，什么才是更重要的？

这个问题，也许值得你在每一天的日常生活里，不断地去思考。

我们的人生，实际上就是在大量的"要我做"里面，寻找空隙去追求"我要做"。那么，我的时间和精力应该用在什么东西上？我目前所有要做的事情里面，哪些是重要的，哪些是次要的？哪些是必须全力以赴的，哪些是可以转交给别人或者根本不做的？

很多时候，决策的本质并不在于选择，而是舍弃。懂得舍弃什么，愿意舍弃什么，是一种勇气，也是一种尤为可贵的能力。

9. 复盘：我如何还可以做得更好？

最容易获得成长的方式，就是从自己做过的事情里面获取经验和反馈。一切学到的东西，一定要落实到行动，再从行动中得到反馈，才能真正变成属于你的东西。

我常常说，应用我的文章、课程里的内容时，不要追求"一下子改变我的人生"，这当然是不可能的。更有效的方式是渐变，挑出一个方法，去行动、尝试，然后进行复盘总结，问问自己：我以前是怎么做的，现在是怎么做的？怎么样才能使我做得更好，解决我的实际问题？

只有以实际需求为驱动力，把知识放到行动中，通过反馈和复盘不断地驱动这个循环，你才能真正获得成长。

10. 创造：我可以为别人提供什么？

当你已经有了足够的积累，建构起了自己的知识体系，那么不妨想一想：我可以通过创造一些什么东西，来更好地帮助别人，影响这个世界？

最简单的方式也许就是写作。分享你的心得、经验、思考和方法论，给予别人启发，帮助别人少走弯路。

也可以是指导，咨询，培训，抑或是分享，提议，交流……都可以。一个简单的做法是"5分钟给予"：哪怕你没有太多的时间精力，你也不妨每天抽出5分钟，在你熟悉和擅长的领域，去帮别人一把，给别人一点指点或反馈。

去创造，它是你跟这个世界，真正产生联系，真正去干预世界、影响世界的关键所在。也是我们每一个人实现生命意义、获取幸福感的最好方式。

这套"思考工具箱"，是我日常生活中常用的练习方式。你不妨把它当成一个备用的库，从中选出几个自己感兴趣的做法，慢慢内化到自己的生活中，试着让大脑动起来，把思考变成一种习惯，去体会思考的乐趣。

你会发现，生活本身，就可以成为一件非常有趣、非常充实的事情，成为我们意义的源泉。

本 章 复 盘

这一章，我们探讨了如何提高对外部世界的认知能力和思考能力，让自己不断成长、变得更加优秀。

最基本的逻辑，就是要保持心智世界的活力，不断地"喂"给它新鲜信息，让它能够不断成长，更好地拓展和拟合现实世界。

如何做到这一点呢？一个有效的方法是保持"实验心态"。把自己的每一天、每一次经历、每一次挑战，都视为一个实验，有意识地去探索，"榨取"每一分经验的价值。

在这个过程中，有四种思维模型能起到极大的助益。"个体－整体"模型帮助我们理解事物的底层逻辑；"输入－输出"模型帮助我们分析外界事物的模式和行为；"供给－需求"模型帮助我们理解万事万物之间的联系；"动力－阻力"模型帮助我们做出行动和改变。

同样，在这个过程中，要绕开一个陷阱，那就是"我们－他们"的对立。这是阻碍我们更好地去思考、让心智世界拟合现实世界最大的阻力。

最后，我分享了一套思维工具箱，帮助你在每一天的生活里，把"思考"落到实处，把经历的一切事物作为材料，利用碎片时间去培养思考的习惯，让思考成为本能。

聪慧并不是遥不可及的，它自有一套逻辑。保持思考的习惯，不断从外界事物中获取养分、化为己用。慢慢地，世界在你眼中，会变得全然不同。

第七章

积极创造：
如何找到立身之本

如果要留给读者朋友一句寄语，我可能会选择这一句：去创造吧。

什么是创造？它不是工作，工作只是进行创造的一种方式。创造是一个事业，是我们在这个世界上的定向：我们来到这个世界，可以为这个世界留下些什么？如何去影响和帮助其他人？如何让这个世界因为我们的存在而变得更好了一点点？这才是让我们的个体价值得到发挥的地方。

但是，我们的日常生活里，充满了各种各样的诱惑和限制。它们会千方百计地拖住我们的脚步，让我们偏离方向。要么，被推动着去满足外界对我们的规训，失去自我；要么，陷入空虚的娱乐之中，难以挣脱。

但是你所创造的东西，定义了你是一个什么样的人，而不是你所拥有或消费的东西。

这一章，我想与你分享：如何在忙碌的生活和工作里，找到机会，去追随自己内心深处的声音，让自己迈出创造的脚步。

如果你也有过这样的困惑"生命的意义是什么？""怎样找到喜欢的事情？""为什么我对一切事情都不感兴趣？"……那么，希望这一章，能够帮你找到方向，为你提供动力。

意义和兴趣：怎样找到喜欢的事情

不是管理时间，而是管理人生

请思考一个问题：为什么我们需要去管理时间？时间管理的目的是什么？

你可能会不假思索地说出：当然是为了提高我们的效率，使得我们能够去做更多的事情。

实际上，时间管理的目的，并不是"做更多的事情"；而是恰恰相反，我们学习时间管理，是为了能够做更少的事情。

什么意思呢？很多人会把"做更多的事情"当成生命的主要内容，在他们看来，提高效率，尽量去完成更多的事务，去创造更多的产出，就是最重要的。但事实上，这并不是生命的目的，只是我们为了达到某种目标所必经的过程而已。

我们学习时间管理，最本质的目的，是为了尽量减少自己在各种日常事务上的消耗，尽量不去做不必要的事情，从而抽出更多的时间，去陪伴我们的家人，追求自己的梦想，享受生命的美好，体验不同的景致，去做我们真正想做的事情。

但是，很多人的问题可能是"我也不知道我想做什么事情"。故而只能用工作和消费，去填满自己的时间，日复一日地重复着每一天。

解决这个问题，需要从两个方面入手，分别是"意义"和"兴趣"。在这一节里，我会依次探讨这两个方面，希望能给你一些启发和思考。

生活的意义是什么？

你有过"存在性焦虑"（existential anxiety）吗？它可以概括成一个问题：我为了什么而活着？

这可能是每个人或多或少都思考过的一个问题：从长远来看，我们生命中的种种活动，其实都是没有什么目的和意义的。那么，我们究竟为了什么而活着？我们应该做什么？生活的意义是什么？如果不能很好地克服这个问题，它就很容易演变成一个结果：对任何事情都不感兴趣。

你很容易会觉得，我现在的生活不够好，但好像也不算差；目之所及，好像也没有什么特别感兴趣的事情可以去尝试；再说，即使我去做了、去尝试了，好像也没有什么意义；我没有什么欲望，没有什么特别想要的东西，也没有一种特别想实现的生活方式。那么，为什么不保持现状呢?

这就产生了虚无感,它会吞噬我们对生命的热情和动力,让我们每天都活在一个怪圈之中,无法迈出一步。

有时候,这种虚无感会伴随我们非常久,让我们失去做许多事情的动力。经常当你回过头来回顾时,才惊觉这好几年什么都没有做,什么都没有改变,我们只是单纯地活着,重复着每一天的生活。

那么,如何回答存在性焦虑呢?

一个经典的回答是:生活本身是没有意义的,但你可以为它赋予一个意义。

这个回答当然是对的,但它未免有点太简单了,很难给我们有用的指导。即使接受了这一点,你依然会问:那么,我该做些什么呢?我该如何给我的生活赋予一个意义呢?

我们可以这样思考:存在性焦虑从个体的层面,其实是没有办法解答的。为什么?因为存在就是一个系统最原初的状态,是一切的原因和起点。因此,存在的意义本身,就是一个"自我指涉"的问题[1]。这种问题是没有办法从系统内部获得回答的,只能从系统外部进行回答。

打个不太准确的比方:一部小说里的角色能够理解"我为什么会存在"吗?这是不可能的。这个问题只有小说之外的作者和读者才能回答。

因此,这个问题在以前是如何解决的呢?答案很简单。用一个小集体,把个体与它绑定,让这个小集体成为个体存在的根基和目的,

---

1 或者叫"元问题"。元,为哲学术语 meta 的翻译,又译为"后设",意为"关于某物自身的某物"。如"元认知"意为"关于认知本身的认知";元问题即为"关于问题本身的问题"。

比如家族、社区和宗教。但到了现代，个体意识开始蓬勃发展。我们不再认为一个人必须依附于家族、社区或宗教，而是可以主宰自己的命运。因此，存在性焦虑才真正成为一个问题：失去了对这些系统的依附，我们如何找到自己生命的意义呢？

对此，我的回答其实也是一致的，你必须找到一件高于个体的事情，把自己融入进去，让自己成为它的一部分，它才能够为你的存在提供意义。

什么叫"高于个体"的事情呢？拿我自己举个例子。

我每天都会花好几个小时的时间去学习，读学术专著，看研究文献。这里面，有大量的知识可能是没有用的，既不能转化为生产力，也不能从中得到收益和回报。那么，这样做有什么意义呢？

答案是：求知这件事情本身，就是一件非常有趣的事情。了解世界的运行规律是什么，理解这个世界上正在发生什么，可能没有办法让你的生活过得更好，但它本身就是一种意义。这就是一种高于个体的事情。并没有谁要求你选择它，而是你自主地选择了它。

同样，经常有读者问，为什么你可以好几年如一日地坚持写作，是什么力量支撑你坚持了下来？其实，如果你把"帮助更多的人"当作事业的话，那么是完全不需要坚持的。因为对你来说，这就是一件必须去做、也愿意去做的事情，也是一件高于个体的事情。

这些事情，对你的生活未必会有直接的影响和作用，但它可以成为一种事业。正是对这个事业的追求和投入，使得你的生活变得有意义。

这个世界上，从出生到死亡，并没有哪个人向你下达命令，要求你必须去完成什么事情——你是完全自由的。正是因为你自由地选择了某件高于个体的事业，愿意为之投入时间和精力，甚至牺牲一定程度的自由和其他可能性，这些事业，才构成了你生命的意义。

反过来，如果你只是出于功利和收益而去追求某件事物的话，那么最终一定会面临存在性焦虑：我如此拼搏，就是为了让自己过得更好，拥有更多的资源，获得别人的认可、肯定和羡慕……然后呢？

没有然后了。你很难回答。因为一切处于"生活"之内的目的，都无法绕开一个问题：既然一切都是为了生活，那么生活又是为了什么？

因而，你会很容易陷入叔本华所谓的"钟摆"状态之中。亦即，生命就是在两种悲剧之间来回摇摆，一种是追逐欲望过程中的痛苦，另一种是达到欲望之后的空虚与无聊。

打个比方：这种高于个体的事业就像什么呢？数学体系里面的公理。整个数学体系都是由若干个公理所构建形成的，而公理本身是不需要证明的，也无法证明。你只是选择了它们。如果你选择了别的公理，那同样可以构建出一套新的、不同的数学体系。并没有哪一种更正确。

人的超越性正是在于你可以自由地选择你的"公理"，寻找到那件高于个体的事业，让它成为一切关于意义的问题的终极答案。

去行动，别想太多

前面讲了人生意义的来源，那么，你可能会产生一个问题：属于我的"高于个体"的事业是什么呢？它在哪里，我该如何找到它？

实际上，这个问题是没有办法让别人告诉你的，因为别人没有办法替代你去作出自由的选择。甚至，这个问题是没有办法用理性去回答的。它只能诉诸激情。

它唯一的解答是：扩大你对生活的接触面，不断去尝试更多的可能性。一旦你找到那种你愿意为之投入和付出的事业，你一定会知道，因为你的心灵会告诉你，你的激情会告诉你。

这是无法掩饰的，也是无法曲解的。

生活中，为什么那么多人都囿于"对一切都不感兴趣"的状态里？很大程度由于，他们都陷入了这样一个怪圈。

我现在做的是我不喜欢的事情，所以我对生活没有激情；

因为我对生活没有激情，所以我感觉不快乐；

因为我感觉不快乐，所以我把闲暇时间用在娱乐和消遣上，来抚慰自己的心灵；

因为闲暇时间都用来消磨和打发了，所以我没有时间去尝试新的事情；

那么，我就只能继续做不喜欢的事情，对生活没有激情……

这就是一个负面循环。久而久之，它会不断地滋养虚无感、空虚感，让你对更多的事情无法产生兴趣，提不起精神，陷入无聊、无意义、无价值的泥淖之中。

实际上，对于抑郁症的研究发现，抑郁症的重要成因之一，就是这个负面循环。一个人如果长期处于情绪低落的状态之中，他就很可能会失去行动的动力，从而更少去参与能够带来愉悦感和意义感的活动。这就使得他们进一步感到孤独、低落，从而加重抑郁状态，使得他在这种状态里越陷越深。

所以，我首先要对生活投入激情，这样我才可能找到我喜欢的"事业"。

换句话说，你要先投入去行动，才能从行动中获得反馈，把这种反馈转化为动力和激情；而不是要先有了激情，再去行动。

同样，很多人有一个误解：兴趣是天生的。这世界上存在着成千上万种活动，我要做的是从里面找到"我感兴趣的事情"，然后再去做。其实不是的。兴趣不是找到的，而是在接触和深入的过程中，慢慢习得和生成的。

就像感情一样。世界上真的存在完美契合的、如同柏拉图在《会饮篇》中所描述的"灵魂的另一半"吗？很遗憾，并没有这回事。绝大多数时候，我们都是找到一个令自己心动的人，然后在相处的过程中，发现种种不足、抵牾和摩擦，再慢慢为了对方而改变、调整、适应，磨去彼此相对的棱角，最终达到完美的契合。

一样的道理，"兴趣"并不是一开始就摆在那儿，等着你去发现的，而是在你一步步探索这个世界的过程中，你逐渐建立自己跟这个世界的联系，逐渐形成自己对世界的干预和影响——这种影响反过来构成你的驱动力，这就是兴趣。

兴趣的本质是什么？是一种快乐。这种快乐来自你在做一件事情的过程中，恰好能够发挥自己的才能，攻克一个个小的困难，取得成功。每一次"攻克难关－取得成功"，都会为你带来巨大的快乐和满足感。这种快乐和满足感累加起来，就形成了兴趣。

很多人认为：我们是因为喜欢一件事物，然后才擅长它。其实不是的。大多数时候，我们是因为恰好擅长一件事物，得到内在和外在的肯定，才会喜欢上它。只不过因为这个过程往往不知不觉、潜移默化，我们很难觉察到罢了。

如果你不去行动，一直停留在"我要先找到喜欢的事情，再去做"的状态里，那你就永远都不可能找到它。

反过来，只有当你去行动了，当你在做一件事情的过程中，发现自己似乎比较擅长这件事情，学起来比别人快，做出来比别人好，更容易得到别人的反馈和肯定，也更容易产生成就感、满足感和激情，于是，你更加愿意去做这件事情。久而久之，就形成了"兴趣"。

如果这件事情，恰好还能够对这个世界产生影响，把你跟这个世界联系起来，让你感受到它的的确确地帮到了别人、影响到了别人，让你感受到自己存在的价值。它就变成了一件能够为你带来意义的"事业"。

那么，我们可以如何挖掘自己的兴趣，把它发展成我们的"事业"呢？

不妨试一试下面的步骤。

1. 停下来。每天找到一段不受打扰的时间，暂且不去做别的事情，安静地想一想，

这是我想要的生活吗？

我对现在的生活有哪些地方感到不够满意？

我的生活中如果能够再增加一点什么，我会更满意？

2. 针对第 1 步里面的思考和回答，抽出一点时间，去尝试做一些新鲜的、没有接触过的事情。如果找不到，可以用这三个问题来辅助。

从小到大，我被夸奖、肯定得最多的地方是什么？

有没有哪些事情我做起来最得心应手、最容易受到别人肯定的？

如果我能向身边的人"出售"我的时间，他们会愿意花钱让我来帮什么忙？

3. 在以上这个过程中，尽可能沉浸其中。同时问自己，

我对它的感受是什么？

在做这件事的过程中，我感到开心吗？我得到成就感了吗？

我是真的愿意继续去做这件事，还是只是把它当成打发时间的无聊之举？

4. 如果你从第3步里面得到了激情，你发现自己对它产生了兴趣，那么不妨问一问自己，

我是否可以为它设定一个成就，让自己想办法去实现？

我是否可以通过这件事情，去尽量影响、帮助更多的人？

我是否可以努力去推广它，让它被更多的人所了解和喜欢？

这三个问题是彼此独立的，每一个都可以成为你把它变成事业、为之努力的方向。

消费和创造：实现更高层级的快乐

警惕"快乐阈值"的提升

　　第四章讲过，我们获取快乐的方式，大体上分为两大类。一类是从动手做一件事情的过程里获得快乐，也就是创造；另一类是从使用一个东西的过程里获得快乐，也就是消费。

　　从消费中获得的快乐都有一个共性，没有门槛，或者说门槛比较低，不需要你付出太多的努力，也不需要你去练习技巧、不断提升。只要你有钱、有时间，花点精力，就能够去享受。玩得好不好，也不是很重要。它们没有评判标准，谁都能从中得到愉悦感。

　　这是一件坏事吗？当然不是。这可以给我们的生活带来极大的丰富，让更多的人从中获得快乐。但是，如果仅仅停留在消费的层级上，就未必是好事了。

　　为什么呢？主要的原因是仅仅通过消费获取快乐，会不断拉高我们的阈值，从而让我们陷入更大的空虚之中。

打个比方。你饿了，动手做一顿饭，吃完，很舒服。这里，通过创造获得快乐，那么你的快乐就来源于"我做了一顿好吃的饭"这件事情。而通过消费获取快乐，你的快乐来源的是"我吃了一顿好吃的饭"这顿饭本身。

它们的差别是什么呢？前者是较为困难的，有一定门槛的，因此它对我们大脑奖赏回路的刺激是平稳、缓和的。你需要付出努力、克服困难，才能获得快乐。那么，这种快乐会激励你不断去提高自己的能力，去克服更多的困难。并在这个过程中，让你的能力得到提升，心态得到磨炼，让你成为更好的自己。

反过来，通过消费获得快乐，你并没有付出任何的行动和努力。因此，奖赏回路会陷入困惑：它该奖赏什么呢？既然无法奖励行动，那只能奖励结果了。因此，这种快乐会不断堆高我们对于结果的期待，也就是我们的快乐阈值。久而久之，我们就会不满足于现有的快乐，从而被推着去寻求更刺激、更剧烈的快乐，来满足大脑愈加高涨的需求。

因此，各种各样便捷的娱乐产品才应运而生。它们的目的就是为你的大脑"按摩"，让你不费吹灰之力，就能获得廉价的快乐。

但是，外在世界不可能一直制造出能让你更快乐的产品。随着你阈值的提升，那些曾经让你感到快乐的东西，终有一天会让你觉得味同嚼蜡。到最后，你感受到的只能是无聊。你会觉得一切都是同质化的，无法带给你任何新鲜感。

更严重的问题在于：一旦你的阈值被调高了，你就很难适应创造性的快乐了。因为创造性的快乐，必须先付诸行动，经历困难，才能获得回报——但对于我们已经被廉价快乐所"训练"过的大脑而言，在没有兑现快乐的情况下，去付诸行动，换取并不高的回报，就是一件得不偿失的事情。

这就是导致许多人陷入空虚感的原因之一。我们习惯于从外在世界通过消费去获得快乐，一旦这种快乐被抽走了，我们就会手足无措，停留在无聊和空虚之中。

避免落入消费主义陷阱

通过消费去获得快乐，另一个结果，就是容易使我们陷入消费主义陷阱里。

什么是消费主义？就是让你去花钱、去消费吗？没这么简单。消费主义的实质，是一种对人的价值的异化。它会不断地向你灌输这样的观念：你的价值必须由外界来评判。你必须融入一个圈子，贴上一些标签，拥有一些故事，别人才能识别你、定义你，从而使得你具有价值。

这就导致一个结果。你是谁，是什么层次的人，不是由你自己定义的，而是由你说什么语言，穿什么衣服，住在什么城市，在什么公司上班，做什么工作，交什么朋友，用什么日常用品，有什么爱好——比如，读什么样的书，听什么样的歌，看什么样的影视剧……来定义的。

社会被人为地分化出一个个圈子，产生一个个层级、一个个鄙视链。这些被贴在身上的标签，就叫作"符号"。所有这些符号聚合在一起，就构成了你对外的形象。

有趣的是，理论上来说，一个人对外的形象，应该是他内在的投射。你应该先有内在再有外在。但在消费主义看来，外在形象远比内在重要得多。你是什么样的人，大家并不关心；大家关心的，是在他们眼中，你是什么样的形象。

继而，这种对外的符号呈现，会替代掉内在，反过来成为驱动你前进的动力。这就叫作"异化"。

为了实现这一点，消费主义衍生出了一种非常强大的技能：创造需求。

举个例子。你原本的需求可能是"我需要一套能上班穿的衣服"，但消费主义不会满足于此，它会给你划出一套复杂的体系：什么样的人适合什么样的衣服，用什么样的护肤品，拎什么样的包，打造什么样的形象……你无需费心，按照你的购买力从里面挑就是了——总有一套适合你。

于是，一样东西就应运而生了：品牌。

品牌会带来溢价。而为宣传品牌而制作的广告会告诉你：你是谁，就用什么样的产品；用什么样的产品，你就会成为什么样的人。

而当一个社会里，所有人都接受了这样的设定，它就会成为一个共识。这种共识会反过来对每个人形成"规训"，将这种被灌输的观念内化，变成"自己的观念"。从而，"圈子"就出现了。

所以，品牌是什么？它固然是一种信誉和保障，但更重要的是品牌本质上是一种"区隔"。它是一张入场券。你付出相应的代价，就拥有了与"别人"所区别开来的资格。

你无需费劲去充实自己、展示自己，而单单依靠拥有某个标签，你就能够成为某种人，获得一种身份认同的愉悦感。

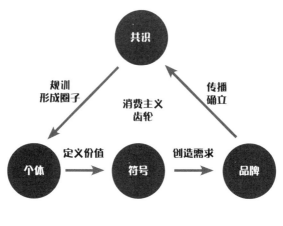

图 7-1

　　当然，这里说的"品牌"只是一个例子，你可以把它换成其他任何一种爱好、兴趣、娱乐，都是一样的。一旦你去消费某样东西，只是为了让别人看到，只是为了让你感受到"我成了某一类人"，只是为了给自己一张入场券，那这就是一种消费主义陷阱。

　　如何判断自己是否进入了这个陷阱呢？我有一个很有效的方法，当你获取和消费一样东西时，问一问自己：如果全世界除了我之外，没有人知道我拥有它，我还会想要它吗？如果答案是否定的，或者你犹豫了，那么你很可能就落入了陷阱。

　　许许多多产业和兴趣领域，都是由这套"消费主义齿轮"驱动前行的。它们本质上，都是一张张"圈子"的会员卡。

三种层级的快乐

尽管有不少人认为，快乐是没有三六九等的。喜欢读书并不比喜欢打游戏更高尚。但是，从精神健康的角度看，快乐的确是有层级之分的。

最低级的快乐，是短时间内给你快感和愉悦感，让你"爽"，但仅此而已。它并不负责任，并不在乎你的阈值会不会被拉高，会不会沉溺于短期反馈，会不会难以从这种唾手可得的愉悦感里抽离出来。大部分消费性的娱乐，都属于这一级。

高一级的快乐，是给你长期稳定的满足和归属感。它会使你的幸福曲线平稳上升，让你感到每一天都有所收获，是充实的，没有虚度。学习，成长，一份满意的事业，有一个明确的目标并稳定前进，属于这一级。

最高层级的快乐，是给你意义、成就感和自我效能感。它不但会使你的幸福曲线平稳上升，更会不断"堆高"你的高度，帮你找到使命和方向，让你联系更多的个体，乃至于世界，为你的生命赋予更崇高的意义。

创造，给予，帮助，连接，就属于这一级。

为什么说创造是最高级的快乐呢？因为，只有当你投入行动去创造一样东西，去通过你创造的东西连接、影响、帮助到其他人，你才会更真切地感受到自己存在的意义和价值。你才能更真切地感受到，你在这世界上，是有一个明确的、可感知的"位置"的。

换言之，正是创造，为我们定位，让我们能够回答"我是谁"。

举个简单粗暴的例子，玩密室逃脱。我自己是密室爱好者，但我玩得不好，只是尽兴。那么可能停留在第一级。

我有些朋友是密室控，到了什么程度呢？听到哪个城市上了个新主题，很有意思，会利用假期特地过去玩；会挑战极限，刷新纪录，提高分数，乐此不疲。这种可能是第二级。

第三级是什么呢？同样是密室圈的朋友，有些可能会被邀请去当评委，有些可能会自己为密室设计谜题、制作机关，以做出烧脑又好玩的谜题为乐。这种可能是第三级。

你会发现：创造和消费，并不是按照具体的爱好和兴趣去划分的，而是按照你对其的投入、付出和"精进"来划分的。

再举个例子。同样是摄影，一个人追求的是买更贵的器材、用更好的镜头，但并不花心思在精研技术上，而是随波逐流随便拍一拍，那么这就是一种消费的快乐。反之，一个人用手机摄影，但经常琢磨和学习优秀作品，有强烈的通过影像去表达和记录的欲望，并且花了很多心思在如何拍出更好的作品上——这就是一种创造。

同样，去旅行，你是随大众去热门的景点逛一圈，去网红地标打个卡，留下一堆游客照，回来发社交平台、跟朋友炫耀；还是事先做好功课，去走一走小众却有独特文化价值的地方，沉浸进去体验当地的风情和生活，这也是两种不同的方式。

而如果你离开之后，能够做一份攻略，向还没去过的人做一个详细的介绍，帮助他们更好地找到有价值的景点，节省时间和精力，让它凭借长尾效应持续发光发热，可能就是更高一级的快乐了。

一个爱好，你拥有它、体验它、享受它，这是第一级。你去深入了解它、学习它，这是第二级。你在了解和学习的基础上，能够把它提升到较为专业的水平，能够帮助它变得更好，或者帮助更多的人去接触它、了解它，这是第三级。

拿我自己来说，我从来不会觉得"读了多少书"，是一件值得炫耀的事情。相比之下，写出一篇好文章，写出很多篇好文章，才是更值得骄傲的。因为，写出一篇好文章，能够把知识和思想传播给许多人。哪怕仅从每个读者处获取一点反馈，加起来，累积起来，其成就感和意义感，也远远超过任何程度的消费和娱乐。

所以，为什么说"去创造，不要停留在消费"？因为，创造是最能够体现和产生价值的活动。它跟消费恰好是对立的。它的本质，就是让我们把定义价值的权利，从消费主义的手里，重新夺回来。

创造者的视角

不要觉得"创造"听起来像一个很大的词。其实，它可以非常简单。简单到什么程度呢？只需要改变一下视角就可以了。

举个例子。我从小就喜欢玩游戏。但我为什么没有沉迷游戏呢？是我自制力很好、特别热爱学习吗？当然不是。最大的原因应该是：我在玩游戏的过程中，形成了一种思维模式：站在"设计者"的角度去看待问题，摸清楚整个游戏的框架和规则。

比方说策略模拟游戏。要通关，你就必须去研究设计者制订的规则：电脑AI的战术是什么？它的行动模式是什么？数据算法是什么？在什么条件下会触发什么结果？诸如此类。有意思的是，当你摸清楚这些规则时，也正是游戏失去吸引力的时候。因为它对于你来说已经不再有"未知"了，一切神秘感和不确定性都荡然无存。

后来，我又自学了编程，还加入了几个游戏制作小组，参与了一些同人游戏项目。可以说，自此以后，看待游戏的眼光就完全不一样了。在此之前还会想"我要怎么通关"，学习编程之后，我想的就是："这是怎么实现的？"

后来我又学了心理学。现在看到一款游戏的任何一个细节，我的第一反应都是：这背后有着什么样的想法？创作者的意图是什么？用了什么原理？想探讨的主题是什么？

在这种情况下，你会发现，你是完全没有办法"沉迷"的。因为你会习惯性地抽离出来，去审视它所呈现出来的效果，思考它背后的结构、原理、算法，等等。

一个学艺术的人，看到一件经典的艺术品，会在脑海里对它去阐释、解构；一个学建筑的人，看到一幢著名的建筑，会去审视它的结构、美学、功能；一个写小说的人，读到一本很有意思的作品，会去分析它的语言风格和叙事方式，诸如此类。

我现在读推理小说，已经不仅仅满足于"啊，又被骗了"的感受，而是会去思考作者的谋篇布局，如何埋伏线，用了什么手法，比起传统的技法有什么亮点和提升……

当你不满足于最外层呈现给接收者的表象，试着开始从它的结构和底层原理去思考问题时，创造，便诞生了。

因为，这就是一种创造者的视角。它的本质，是你脑海中的知识网络更加复杂的加工和构建，从而唤起你对这件事物更丰富、更细腻的审美感知和体验。

在这个基础上，如果你能够通过输出，把你所看到的独特事物，传递给别人，点亮别人的盲区，那就是一种更有价值的创造产物了。

如果你有喜欢的事物，试着不要只是去消费它，而是去参与创造。如果你喜欢美食，试着动手做一做。采购食材，动手烹饪，交流碰撞，设计创新，都可以。如果你喜欢旅游，试着分享你的心得、攻略，帮助其他人节省时间，也让自己的快乐能够不断传递下去。

甚至，层次可以更高一点：如果你喜欢某种爱好，试着不要只是"玩"，而是真的去接触这个行业，问一问：我是否能够加入进来，做一些事情？有哪个位置需要我的资源和能力？这是一种更好玩、更有趣、更高级的"游戏"。

试着去亲手感受一样事物，从构思、概念、加工，到落地的过程，让自己去经历这么一个从无序到有序、从不确定到确定、从被动接收到主动给予的过程。

你会打开一个全新的世界。

三个问题，帮你安排好每一天

我能腾出多少"整段时间"？

前两节着眼于在认知层面，帮你建立一套关于意义和创造的思维方式。这一节，我想跟你分享：如何才能更好地安排我们的时间，最大化自己的产出，让每一天都过得更充实、更丰富？

决定我们每一天的成果和产出的是什么？并不是你投入了多少时间在工作上，而是，在这些工作时间里，有多少"整段时间"。

什么是整段时间？它指的是至少有40分钟到一个小时的时间，能够不受打扰、心无旁骛、全神贯注在眼前事情上面。实际上，一个简单的结论是：每一天，你能够有多少留给自己的"整段时间"，你就能够做出多少有效成果。

为什么？因为真正重要的、有价值的事情，必然是困难的，也必然是需要你在一段时间内集中精力、全神贯注去思考的。如果你不断被别的事情所打断、分心，那么你的思考只能停留在表面，难以深入。

许多追求"高效"的人，恰恰很容易犯这个毛病。他们追求的是把更多的事情打散，安排在每一天的行程里，见缝插针去做。但这样一来，很容易导致对所有事情都草草了事，只能勉强做到及格，很难真正做出成果。

更好的做法是有意识地舍弃和推迟一些不重要的事情，挤出时间，再把这些时间汇总起来，形成一段完全属于自己的"整段时间"。再在这段"整段时间"里，去做对自己来说最重要的事，这可能是最重要的项目，可能是学习和成长，可能是对未来规划的思考……

如何实现这一点呢？这就需要你在每一天的生活和工作中，不断去问：我今天需要做哪些事情？我能否尽可能地调整、压缩、推迟其中某些事项，尽可能地腾出更多的"整段时间"？

一个有效的方法，是先把自己每一天要做的事情列出来，再考虑：在这些事情里面，哪些是固定的、不可支配的，哪些是灵活的、可以支配的？

举个例子。你每天要在固定的时间花一个小时通勤，每天上午都要开半个小时的例会，晚上下班到家要陪家人吃饭、交流……这些就是固定事项。它们会"锁住"所占用的那一段时间，无法更改，无法调整。

反之，那些不固定时间，在一定程度上可以由你调整和延迟的事情，就是灵活事项。比如：有一个项目在本周内需要完成，需要你跟客户对接、跟同事沟通、跟上级汇报、撰写报告……但每一项任务都没有明确的时间安排，只要能够在本周内完成即可。这就是一系列灵活的事项。

我们要做的是什么呢？是在每一天的时间里，先减去那些"固定事项"锁定的时间，再针对剩下的时间，尽可能去"化零为整"，把琐碎的事物安排到同一个时间段，尽可能腾出更多不受打扰的"整段时间"。

举个例子。假设你每天需要跟5个人交流，如果你把这件事分散到每一天里，那么你可能会疲惫不堪。跟第一个人聊完，做一会自己的事情，再跟第二个人聊……但如果你把这些沟通全部集中在某个固定的时间段，比如中午和傍晚，你就可以尽可能缩短耗费在沟通上的时间，腾出更多属于自己的时间。

不妨试试按照下面的方式进行优化。

我能不能压缩、节省不可支配的时间？比如，能否提高沟通效率，把所有的信息集中在一个时间段内讲清楚，避免反复不停地查收和回复？

我能不能用一些自动化、规范化的东西来辅助？比如，下达需求时，能不能事先做一个模板，让接收方按照模板填好，避免来回不断确认？

我能不能对时间"化零为整"？比如，划分出几个专门用来沟通的时间段，把所有的沟通任务放在这个时间段里面，避免对其他工作的打扰？

我能不能尽量避免过长的时间耗用？比如，开会前，让大家准备好意见和材料，会议只需快速过一遍流程，聚焦到焦点上，尽量减少过于冗长的会议？

原则就是：把所有琐碎的事情合并起来，汇总到一起，一次性做完，避免它们打断我们的工作思路和状态。通过这种方式，腾出更多属于自己的"整段时间",让自己能够全身心投入最重要的事情上。

你可能会发现,这样安排下来,你每一天所能够腾出的整段时间并不多,也许只有2~3个小时,但这就是你一天里面,真真正正属于自己,能够去创造价值、让自己跟别人产生差异的机会。甚至可以这么说:你一天里面,其他所有的时间,都是为了"支撑"起这些时间,让它们能够不受干扰,让你得以好好利用它们。

不要让它们溜走。

你要做的是在这些"整段时间"里,尽可能减少噪声,屏蔽一切干扰,让自己全身心投入进去,做最重要的事情——也就是能够为你创造成长、创造价值、创造意义的事情。可能是工作上最重要的一个项目,也可能是让自己能够做出亮点和成绩的一项成果。

一方面,你可以关闭外在的干扰。比如手机静音,戴上耳机,换一个安静的环境,或是请求别人不要打扰你,让自己有一段不被打扰的时间,可以专注工作。

另一方面,就是保持注意力不被内在的刺激吸引。可以试试如下步骤。

觉察和接受:不去强迫自己保持注意力,而是顺其自然。控制不住时就让它走神。等觉察到自己似乎走神了,再顺其自然地把它拉回来。

分解和挑战:把要做的任务,分解成一个个小小的挑战。挑战自己,让自己在设定的时间内把它完成。

休息和转移:做完一个小挑战之后,也不要让自己过于懈怠。避免让注意力转移到被动的担忧上面,而是进行"主动休息",比如读一点需要动脑子的资料,写一点工作复盘和记录,看一点需要动脑子的知识类视频或纪录片……

通过这些方式，慢慢锻炼自己的注意力，强化自己主动掌控、管理注意力的能力，让自己更容易进入和维持心流，保持更好的状态。

好好地珍惜和利用你的"整段时间"，这是最能够发挥出你价值的资源。

我能避开哪些"时间黑洞"？

什么是时间黑洞呢？它指的是，在你每一天的日常生活中，你无意识的、习惯性去做的事情，包括种种日常琐事，以及你各种无意识的不良习惯。尽管这些事情看起来都很小，但它们累积起来，就可能逐步吞噬我们的时间资源。

这些时间开支一般包括两种。一种是日常琐事，比如吃饭，家务，事务性工作，等等。如果把生活比喻成一个瓶子，它们就像瓶子中的沙子，细微而不起眼，但却散落在我们每一天的日常生活里每个方方面面。

如何处理这些事情呢？首先要考虑的是，能不能尽可能缩短它们的时间。比如：请人来帮忙打扫卫生；用扫地机器人、洗碗机等现代科技节省劳动力；一次性购买一周的食材并简单预处理……避免把自己宝贵的时间，空耗在这些维持日常运转的琐事上。

如果实在难以缩短，也可以考虑另一种方式，那就是把这些时间黑洞，转化为我们的能量仓库，让我们从这些琐事之中获得能量、得到休息。一个有效的做法是把这些琐事转化为日常生活中的"仪式感"，让它们成为自己休息和疗愈的契机。

你可以把这些琐事固定到固定的时间、确定的步骤，以及固定的场景里。也就是说，让你的生活保持稳定。在同样的时间吃饭，同样的时间做家务，同样的时间洗漱，同样的时间写日记，同样的时间上床睡觉。

重复的行为能够带来一种奇妙的力量。它能增强我们的控制感，让我们感受到生活依然在掌控之中，降低我们的焦虑感，增强我们的精神集中程度。同时，它还能够为自己提供一种自律的满足感，从而提高我们去做其他事情的动力。

在这个基础上，可以再为日常琐事设计一些简单的仪式步骤。也就是在你的日常生活轨迹中，插入一些行为，让自己遵循这些先导行为去行动。比如，在下午4点的时候起来散散步，做一下拉伸；午饭后给自己泡杯茶，读两页书；每工作半小时左右听会音乐，打开同一套播放列表。等等。

实验表明：重复简单的日常仪式，可以帮助我们更清醒地思考问题，提高对任务的表现。比如在一项为期5天的实验中，仅仅要求参与者在进食前闭上眼睛、数到10，就能促使他们选择更加健康的零食。

什么样的仪式才能起到作用呢？答案非常简单：只要它足够精确，经常重复，并且遵循严格的顺序就可以了。你可以自由设定一套动作或行为，给它编上顺序，等触发的时候按部就班去做就好。关键是把它内化到每一天的生活轨迹里。通过这种方式，让自己重新找回对生活的掌控感。

另一种时间开支，就是当我们感到无聊、感到无所事事时，会下意识去"打发时间"、填充生活间隙。比如：看小说，刷信息流，上网"闲逛"，聊天，等等。这些事情有价值吗？其实是很低的。但是，它们会在你不知不觉间，把你的时间和精力一点一滴榨干，让你感到：我好像没做什么，怎么一天就过去了？

因此，一个有用的建议是：为这些事情设定一个明确的边界，不要让它们越雷池一步。

我自己的习惯是：为所有的这种"打发时间"设定一个明确的时间点。比如我现在想看一会小说，那么我就定一个20分钟的闹钟，时间到了，就让自己停下，避免让自己长时间不由自主地沉浸在里面。这样不但会鲸吞掉我们的时间，也不利于身体健康。

当然，一旦你习惯了这种做法，就不需要定闹钟了。你可以在脑海中培养起一个时间观念，不论你在做什么事情，都能够大致估算一下：现在大概过了多久？我已经做了多久？那么，你就可以及时提醒自己：是时候停下这些低价值的"打发时间"，去做更有意义的事情了。

我走在自己想要的方向上吗？

第三个问题，是需要我们经常地自我回顾，把视角往上拔高，从更高的角度鸟瞰自己过往的经历，问问自己。

这段时间我都做了些什么？

我做的这些事情，对我的目标有没有作用？

我可以如何让自己做得更好？

它的本质，其实就是复盘。不论是工作还是生活，适时的复盘都是至关重要的。一方面，它可以时刻检验自己是否走在正确的道路上，是否犯了短视的毛病；另一方面，它可以帮助我们，把经验、心得、教训归纳成方法论，不断提升下一次行动的效率。

也就是说，它涉及的是两个问题。我"为什么"要做这些事情？这些事情长期来看，对我的价值在哪里？以及我"怎么做"才能把事情做得更好？如何才能令我朝着自己设定的目标再进一步？

那么，如何更好地复盘呢？分享两个小技巧给大家。

1. 针对"为什么"，做成果清单。

什么是成果清单呢？简单来说，就是找一个"整段时间"，让自己回顾过去的一整个周期，比如一周，一个月，一个季度。想一想：我这段时间都做了哪些事情？把它们列出来。具体的周期可以以你的实际情况来定。比如你每周做一次，那就以周为单位；你每个月做一次，那就以月为单位。

每列出你做的一项成果，就在后面给它简单地打一下分：这件事情从长期来讲，对我的成长、目标和生活的意义，有多大的价值？

如果你发现，你在很长的一个周期里，一直在做一些低价值的事情，那么你就要警惕了：也许，你已经偏离了自己设定的目标。

这可以帮助你有效地校准自己的方向，时刻避免自己"浪费时间"。

2. 针对"怎么做",做KPT复盘法。

KPT复盘法是最简单的复盘技巧。具体做法是定期（比如每周），或者一个小项目结束后，打开一页笔记，分别写下，

K（Keep，保持）：在这次项目中，有哪些地方做得很好，需要保持？

P（Problem，问题）：这次项目执行中出现了什么问题？

T（Try，尝试）：针对P里面的问题，下一次项目中可以考虑做些什么尝试？

这样，就可以不断地把过去的经验转变成财富，用来应对未来的挑战，优化自己的工作方式。

五个技巧，让你效率爆表

高效并不是多任务，而是懂得区分优先级

很多人会有一个误区，认为高效就是可以同时做好几件事：一边写方案，一边查资料，一边回信息，一边还能听听音乐、放松身心……

这其实是错误的。大脑是无法同时处理多项任务的，它只能一项一项地处理。因此，当我们"同时做ABCD多件事情"时，实际上是什么呢？是大脑先集中处理A，然后切换到B，再切换到C，再切换到D……

为什么呢？原因很简单：大脑的注意力与工作记忆本质上是一个东西，而工作记忆的容量是极其有限的。这就导致了我们在同一段短暂的时间内，只能把极少数的信息储存在工作记忆里，让大脑对其进行处理。一旦超出这个负荷，我们就不得不把先前的信息清除出去，再重新写入。

因此，这不但无法提高我们的效率，反过来，还会造成两个负面效果。

1. 当我们从任务 A 退出，再切换到 B 时，大脑需要一段时间清空缓存、写入新的任务信息，这段时间虽然不多，但累积起来就会非常可观。

2. 当我们从任务 A 切换到任务 B 时，如果 A 还没有做完，那么它就会有一部分残留在我们的脑海中，叫作"注意残留"，占用我们的认知资源，使得我们能够处理任务 B 的资源减少。

可想而知，当我们多次经历切换，多次堆积注意残留时，我们还能剩下多少精力和资源，用来处理眼前的事务。

实际上，英国中央兰开夏大学、兰开斯特大学和瑞典耶夫勒学院在 2019 年的一个研究中发现，即使是最简单的多任务处理，比如一边工作一边听音乐，也是有害的。这个研究测试了多种不同的音乐，包括有歌词的音乐和纯音乐，结果发现：不管有没有歌词、参与者喜不喜欢，当他们一边听音乐一边工作时，他们的创造力、记忆力和理解能力，都出现了不同程度的下降。

所以，更好的做法是什么呢？是把你要做的所有事情列出来，简单排一个优先级，然后在一个时间阶段里，只做一件事情。等把它做完了，或者告一段落，再从清单上划掉，把它彻底抽离出我们的脑海。然后再把注意力投向下一项任务。

这就是第一个技巧，永远不要追求多任务，而是专注在最重要的事情上，一次只做一件事。

专注不是长时间工作，而是少量多次的冲刺

很多朋友可能都知道心流，也知道，要做到高效，实际上就是要不断地追求心流。那么问题来了：心流是可以持久的吗？或者说，我们有必要追求长时间、专注不停地工作，让自己沉浸在心流之中吗？

这其实也是不可行的。

为什么呢？原因很简单：我们的注意力会时刻不断地进行"扫描"，这种扫描包括对周围环境的监测，也包括对内在念头的激活。一旦激活到一些比较重要的念头，我们就会从CEN模式进入DMN模式，即进入分心的状态。

心流状态虽然可以抑制这种效应，但并不能做到100%抑制。所以，随着时间推移，我们内在的某些杂念，被留意到、放大、关注、觉察到的概率，就会不断上升。一旦发生这种情况，你的感受是什么？你会感到：突然间有一个想法不受控制地"闯入"脑海，可能是某件还没完成的事情，可能是对未来的某个担忧，可能是某种不由自主地胡思乱想……它会带来一系列的浮想联翩和情绪起伏，让你从心流状态里面退出。

如何应对这种情况呢？有些朋友可能会说"正念"。的确，正念是一种锻炼注意力的方式，可以加强我们对注意力的掌控，抑制DMN的活跃。不过，现代神经科学里面，对于正念的效果还有一些争议，有待进一步的探索。

实际上，更直接、有效的做法是什么呢？是锻炼我们快速进入心流状态的能力。

以我为例。假设我要写一篇文章，预计需要4个小时，我不会追

求让自己在这4个小时里面全神贯注，这非常不现实。我会把这4个小时切分成多个阶段，然后要求自己，在这一个阶段里面心无旁骛地工作，去抑制大脑的DMN。

如何划分阶段呢？我一般不以时间为单位，而是以工作内容为单位。像前面这个例子，我会把文章大致划分成5~6个部分，每一个部分为一个阶段。做完了，就休息一下，换换脑子，干点别的事情，比如回复信息、整理资料，等等。

那么，如何让自己快速进入心流状态呢？一个简单的技巧是：把工作过程中你的思路、想法和进展记下来，简单记录下关键词即可，让自己知道刚才在处理些什么、进度到达了哪里。这样，当自己回来工作时，就可以第一时间进入状态。

另外，选择适当的难度也很重要。心流的本质是什么？是需要思考的强度刚好能够填满你的注意力，不会太低，也不会太高。因此，如果工作比较简单的话，可以试一试给自己提升难度，尝试去做出一点不一样的东西出来，充分调动大脑的运转。

这就是第二个技巧，与其追求长时间的专注，不如培养自己随时进入心流的能力，把工作分成多个阶段，少量多次地去"冲刺"。

状态不是等出来的，而是训练出来的

先思考一个简单的问题：许多人的办公桌都很乱，那么，是常常整理办公桌好，还是不整理好呢？答案可能会出乎你的意料：不整理办公桌会更好。

为什么？因为大脑有一个特性：喜欢把两样东西联系起来，建立起快速的反应。所以，当你长时间在比较凌乱的办公桌上工作时，大脑就会把这种办公桌的状态与工作状态建立联系，让你更容易进入工作状态。反之，一旦你整理了办公桌，这种联系就会被打破。你需要花费更长的时间，才能进入工作状态，而且很容易被打断。

　　也就是说：如果你能够从始至终保持办公桌的整洁，那么就保持下去；但如果你的办公桌一直都那么乱，那也没有必要去整理，保持它的自然状态可能是更好的。

　　这个原理可以迁移到很多地方。比如：为什么许多人远程工作或自由职业时，在家里总是感到状态不佳？原因就是大脑已经把家里与"休息"建立起了联系，从而导致你在休息状态和工作状态间产生矛盾感。

　　因此，如果你有在家里学习或工作的习惯，那么很重要的一点是做好分区：最好是能够把家里分成几个功能区域，在一个功能区域里面只做一种事情，需要切换时，就换一个功能区域。比如：如果你习惯在沙发上看电影，那么就不要在沙发上读书、工作，因为这样很容易分心。专门腾出一个区域——哪怕只是一把椅子和一张桌子，一定要把它跟其他日常活动区分开来。

　　不过我自己的做法是把学习和工作变成在家里的日常活动，然后限制其他活动的区域。这样一来，就可以实现在家里任何地方，想到任何有趣的点子都可以随时记下来；碰到任何问题都可以随时拿出电脑列一下脉络；想看书了，随手拿起一本书就能翻上几页……

　　如果你没有办法把家里分成太细致的功能区域，那么一个有效的办法就是：出门去咖啡馆工作。把咖啡馆变成你的工作场景。这样也可以让自己在工作时更专注。

甚至，我们还可以利用这个原理，建立一些日常的惯例，来帮助自己快速启动工作状态。

举个简单的例子。我吃完午饭，休息一下之后，一般会泡一杯茶，再开始工作。那么久而久之"泡一杯茶"就会成为我启动工作状态的一个触发器。一旦我泡一杯茶，大脑就会知道：下一步，该开始工作了。从而更容易进入工作状态。

同样，你可以用任何简单易行的行为，将它跟工作之间建立一个联系，从而帮助自己进入工作状态。

不过要注意的是，如果你使用了某个行为，就要避免让这个行为与其他的状态建立联系（比如不要泡一杯茶后又去看剧），否则就起不到作用了。

这就是第三个技巧，把工作状态跟某个固定的场景和行为之间建立联系，帮助我们更容易进入工作状态，更不容易分心。

节律不应该千人一面，而要结合自己的实际

很多文章和课程可能都会教你，早上是一天里面精力最集中、效率最高的时候，一定要趁早上把重要的工作先做了。

这个道理适用于所有人吗？其实不一定。

为什么呢？因为，所谓早上精力最集中、效率也最高，并不是因为早晨有什么特殊的力量，而是因为我们每天醒来之后，大脑就在不停地运转，思考、工作、学习，这些活动都要消耗能量，故而会慢慢堆积起许多代谢产物，也就是腺苷。而腺苷的堆积，会让大脑产生困

倦感、疲惫感，从而不想动脑。

因此，许多人认为早晨更高效，主要是因为早晨刚起床时，腺苷被清理一空，大脑处于最清醒的状态。但这并不是说腺苷在一天里面无法被清除。实际上，当我们吃饭、休息、转换思绪，以及把大脑"后台"的杂念清空时，都可以消除腺苷，把它们重新组装成 ATP，供大脑使用。

晨型人由于早睡早起，在下午和晚上一般会累积大量腺苷，从而状态比起早晨会更低落。但夜型人则不然。一方面，夜型人白天的工作时长往往较低，从而腺苷更容易达到一个动态平衡，不容易堆积起来。另一方面，夜型人的思维往往在晚上会更发散、更自如，从而更容易让大脑兴奋起来。

我一般一天里面最佳的工作状态是在下午接近傍晚的时候，以及晚上接近深夜的时候，所以我的工作习惯是早上起来之后先处理一些简单、琐碎的工作，减轻大脑负担；等到了一天里面状态最好的时间段，再集中精力去做最重要的任务。

同样，如果你是一个夜型人，或者你的工作要求较高的发散思维和创造力，那么最适合你的可能是下午和晚上，而不是早晨。

当然，具体一天里面哪个时间段是你最佳的精力状态，就需要你自己去挖掘了。不妨试着每天写一写日记，写一下今天在什么时间段处理了什么事情，以及自己处理事情时感受到的状态。从长期来看，如果某个时间段你的思维特别活跃，精力似乎很旺盛，总是能把事情很快做完，那么它很可能就是你的"波峰时间"。

一旦你找到自己的"波峰时间"，那么对应的，你也可以找到自己的"波谷时间"和"正常时间"。不妨按照这个节奏，来安排自己的任务。

最琐碎的、最不重要的、不需要耗脑子的（一般是整理和操作性事务），以及可以快速得到反馈的，安排在"波谷时间"；

日常的事务，沟通，协作，信息回复，安排在"正常时间"；

最重要的工作，包括跟自己业绩目标紧密挂钩，需要做出亮点和成果的，又或者需要投入精力去学习的，安排在"波峰时间"。

这就是第四个技巧，结合你自己的作息习惯和工作性质，找到你一天里面稳定的三种时间节奏，按照这个节律去安排自己的工作。

任务不要全都放在一起，而是分成三张清单

经常有读者问我：您每天要处理那么多的事情，是如何安排自己的时间的？

其实很简单，我会把所有需要做的事情，分成三张清单，分别是：行动清单，问题清单，以及甜点清单。

行动清单，顾名思义，记录在上面的内容，都是我可以立刻去执行的行动。任何一项工作，我都会先抽一点时间，对它进行分解，把它分解成最小、最直接的步骤，再记录到清单上。这样，当我需要行动的时候，就可以立刻去做，不需要再浪费时间去想。

举个例子。"确定分享会的讲稿"这件事，我会把它分解为列出分享会讲稿大纲，确定进入讲稿的案例，撰写分享会讲稿初稿，跟对接人员沟通初稿，列出所需PPT清单，完善并最终确认分享会终稿……再把以上任务，逐项写上截止日期，放入行动清单里。

不要小看"分解"这一步。实际上，很多时候我们之所以会拖

延，就是因为我们去行动、去做一件事情的时候，需要付出努力去思考"如何做"。这就增加我们的阻力。而这一点点阻力，很可能就是阻碍我们行动的天平上最后一块砝码。

问题清单是什么呢？一切需要在脑海中构思、筹划，而不是通过行动去解决的任务，我都会放到这里。

还是拿分享会讲稿举例：在这个任务中，可以直接执行的是什么？是列大纲、写初稿、安排PPT制作……而需要思考得出结果的是什么呢？是确定分享的主题、要点等等。我会把所有类似后者的问题，都列入问题清单里，然后在平时的碎片时间里，把它拿出来，让自己做一个短时间（大约5~15分钟）的发散思考，争取至少找到一个答案，或者列出一种可能性。

当我的某项工作告一段落了，感到有些疲惫了，我也会站起来活动一下，做些别的事情，让大脑调剂一下。在这个过程中，就可以把问题清单拿出来，换换脑子，让大脑思考一些别的、新鲜的问题，从而为大脑"按摩"。

这不仅可以非常有效地利用碎片时间，更可以帮助我切换不同的聚焦点，让大脑始终保持活力。

第三个清单叫作甜品清单。它就像餐后甜品一样，我会在里面放一些非常简单、无需动脑、没有时间限制的小事，让自己在状态不佳的时候，可以打开来立刻去做，为自己快速"回血"。

什么样的小事呢？包括：整理文档，整理笔记，搜集素材，整理照片，资料归档……它们的共同特征是：琐碎。虽然不那么重要，但每次你完成它们，都可以给自己带来一分成就感和满足感，从而帮助自己快速摆脱低落的状态，快速振作起来。

通常，在做完2~3项甜品清单的任务之后，状态就可以回到一个不错的水平，开始去着手完成更重要的任务了。

与此同时，在完成甜品清单的时候，由于它们是完全机械、无需动脑的，思维会处于一个自由的状态。在这个状态下，可以放任它自由联想，也许会产生一些有意思的点子。

这就是第五个技巧，把你的任务分成行动、问题和甜点三个清单，让自己见缝插针地去压榨时间的利用率。

如何有效地休息

交替休息，让自己走得更远

高效的产出很重要，但高效的休息更重要。只有保持良好的休息，让我们的身心都保持足够健康，我们才有可能持续地去产出和创造。

很多人对休息，其实一直有两个误区。

1. 工作的时候要专注，能越长时间专注工作越好，等事情都做完了再去休息。

2. 工作的时候动脑已经很辛苦了，休息就别动脑了，做点不费脑子的事情吧。

这就会导致上班的时候，集中精力攻克手头的难关，处理完一件事情，又来一件事情，大脑一直处于高度紧张的状态，精神高度紧绷；而下班了，精力已经被上班时消耗殆尽，于是非常自然地告诉自己"别动脑了"。虽然还有读书和学习计划没完成，但仍然告诉自己"我要放松一下"，于是要么瘫在沙发上刷手机、看剧，要么跟朋友喝酒、闲聊……

一晃眼，时间就过去了，接着又到了第二天，继续重复昨天的模式。

我把这种模式，叫作"被动休息"。它其实是低效的。一方面，工作过程中持续的运转和耗能，会让我们的体力和精力严重透支；另一方面，这会导致我们真正属于自己的时间被不断占用、侵蚀，从而无暇投入对自己真正有成长、有价值的活动之中。

这就是被动休息的含义：我们的精力已经严重透支了，不得不去休息，通过休息让精力的"债务"回归零点，继而开始新一天的工作。

长期来看，这种模式对身体和心态都是不利的。一方面，身体长期处于精力透支的状态里，会持续地给机体造成压力，久而久之会破坏我们的能量系统，产生炎症反应，影响整个身体的运作。另一方面，这种高强度的生活模式也很难给我们满足感和幸福感，会让我们在工作中变得更加疲于奔命，从而让自己过得更不开心。

更好的模式是什么呢？我把它叫作主动休息。简单来说，就是工作和休息交替，而不是专注长时间地去思考和工作。

这就是主动休息的第一条原则：交替工作。也就是主动掌控工作和休息的节奏。

Draugiem Group做过一项调查。他们研究了企业里工作效率最高的10%的员工，发现他们在工作总时长上跟其他员工并无显著差别，那么差别最大的地方在哪里呢？他们平均每工作52分钟，就会休息

17分钟。

组织心理学家约翰·特鲁加科斯（John Trougakos）也认为：我们每小时至少要休息10~15分钟，休息的时候不要看邮件、思考工作，而是要做一些不同的事情。

这与本章第四节的"少量多次，不断冲刺"技巧也是一致的。真正的专注，不是长时间地投入工作，而是先集中精力工作一段时间，休息，转换思绪，恢复精力，再继续集中精力工作。

从这个角度来说，被很多人推崇的番茄工作法是合理的，但你不一定要用默认的25分钟来作为一个番茄钟，那样很容易打断思绪，让你在不适合休息的时候中断工作。我个人的做法是不以时间为单位，而是以一个小阶段为单位。举个例子：我写作的时候，一般一篇文章会有五六个段落，那么我就告诉自己：每写完一个小段落，就起来走动一下，喝喝水，活动身体，做点别的，转换思绪，让大脑放松一下。

一个简单的建议是，每半小时到一小时要有一个小的休息，起码15分钟；每一个上午和下午都要有一个大的休息（不包含午休），起码半小时。这样可以充分恢复精力，为大脑松绑。

动脑休息，切换不同模式

休息的时候可以做些什么呢？这就关乎主动休息的第二条原则：动脑休息。

前面讲到，很多人的误解是：休息就是要不动脑子，让大脑彻底放松，无所事事。于是，很容易变为刷剧、刷手机、闲聊，甚至发呆。这其实是错的。为什么呢？因为，大脑是无法"不动"的，只要我们醒着，它就会一刻不停地运转。如果你不给它外部的刺激，它就会转向内部，开始通过DMN模式漫无目的地反刍，从而让你陷入不安定的情绪波动之中。

刷剧、刷手机则是一种用外在的新鲜刺激去填充注意力的方式，依靠这种刺激把大脑一次次拉回外界。但这种刺激是无意义的，很容易提高大脑的阈值，从而令你感到无聊、烦躁、提不起兴趣。

所以，一个更好的休息方式是什么呢？是采用中低耗能的模式，去做一些跟日常工作不同的事情，激活大脑不同的运转模式，给大脑足够的新鲜感和成就感。

我自己会有一个做法，叫作"齐头并进"。简单来说，就是会有一张表格，里面列举了两大类东西：一类是我读到一半的书、文献、资料，看到一半的纪录片；另一类是我在写的各种各样的写作项目，比如对生活的记录和观察，对某本书的评价和思考，对某个点子的发散性创意，以及能用到课程里的延伸阅读……

然后，随便从里面找一个东西，继续做下去。比如，

打开书，回忆一下前面的内容，接着看下去，一段休息的时间刚好足够提炼一个知识点，转化成概念笔记；

打开看到一半的纪录片，继续看，顺手做点笔记，记录下自己的思考和感想；

打开写到一半的内容，接着之前的思路继续写下去，顺带做一些修补和完善……

前面讲到，我会把任务分成三个清单，其中有一个是问题清单。那么在这里，当我休息的时候，就可以打开问题清单，把这些问题

拿出来，查阅相关的资料，看看可以如何解决，记下可行的思路和方案。

这样一来，一旦解决一个小问题，就可以给你提供大量的成就感和满足感，充分刺激多巴胺分泌，让你拥有更强的动力去做事情。

就算没能解决，也可以验证自己的思路，推进对这个问题的解决进程，让自己看到切实有效的成果。

心灵空间，让自己持续成长

有一个点可能是很多人难以理解的：学习，也是一种有效的休息。这就是主动休息的第三条原则：心灵空间。

可能很多朋友会觉得，每天那么累，回到家还要学习，这难道不是一件苦差事吗？为什么说也是一种休息？

当然，我不是说学习很轻松、不费力，这是不可能的。不过，不妨想一想，如果我们在白天的时候，可以通过交替工作和动脑休息，使得我们的精力维持在一个比较稳定的水平，状态良好，那么晚上我们做点什么好呢？

很多人可能会觉得要去休闲，比如玩游戏、看电影、看小说……这些当然是可以的，不过我会建议你每天抽出一段固定的时间，去做一些超出生活日常模式的事情。

什么意思呢？就是投入精力，动脑、动手去探索一些日常不会做的事情。比如：学习一门手艺、技能，接触一个新领域，培养一个兴趣爱好，等等。

这一点我在第二章里也讲到过。

其重点在于每天给自己一段固定的时间，排除其他信息的干扰，让自己能够充分地发挥好奇心、创造力，做一些自己感兴趣的、有一定门槛的、需要动脑思考或动手的事情。

你可以把它当成生活的"后花园"，一片属于自己的"心灵空间"。一旦你在工作上遭遇挫折，或是人际交往中遇到不愉快的事情，又或者面临压力、产生焦虑，这些都可以成为你暂时忘记烦恼的地方，让你重新找回快乐。

那么，为什么强调要动脑或动手呢？因为只有具备一定门槛，需要付出脑力去思考、认真对待，你才能够进入心流状态，从做这些事情里面获得创造的幸福感和乐趣。

可能你还会问每天工作已经要消耗很多脑力了，回家还要学习，脑力跟得上吗？其实，第三章里也讲道，近10年的研究认为只要你认为你的意志力是无限的，那么它就真的是无限的。

也就是说：只要你摆脱"我已经工作了很长时间了，是不是该做点不费脑子的事情？"这种思维，让自己相信"虽然我已经工作了很长时间，但我依然可以集中注意力去做我感兴趣的事情"，那么你就能够做得到。

一旦你相信这一点，并让自己投入脑力进去，你就会感到：每一天的生活，会变得更加充实。

这种充实感，以及创造的乐趣，就是对抗生活的烦琐、无聊和枯燥的最好的武器。

设定边界，别把主动权交给别人

最后，讲讲主动休息的第四条原则：设定边界。

遵循上述三条原则，其实都需要一个很重要的前提：你必须能够在一定程度上，掌控你工作的节奏。很多缺乏边界感的人，很容易在工作中承担过多的外部压力，从而导致自己疲于奔命，一直在忙着解决"要我做"的事情。

比如，

难以婉拒同事的请求或朋友的求助；

比起教会下属动手，总是喜欢自己包揽；

过度高估自己的效率，导致接下太多的任务；

受限于别人的节奏，频频在开会、打电话、回消息、回邮件……

很多时候，我们的时间和精力，就是在这样不知不觉之间流逝。每一个点看上去很小、很琐碎，但累积起来却可能非常可观。

因此，设定边界主要包含两点。

第一点，你必须非常明确哪些是你应该做的，哪些是你可以选择做或不做的；哪些是非常重要、优先要做的，哪些是可以缓一缓、或可以转交给他人去做的。

在这个基础上，你再安排好每天的日程。不需要计划得非常细，但你需要知道，你在未来一段时间里面需要做些什么，有多少时间是被"锁住"的，多少时间是有余力、可以自由安排的。而不是来者不拒。

永远要记住两件事情。

1. 事情是永远做不完的。不存在"把事情做完就好了"，我们应该在做事情的过程中追求平衡、舒适和可持续。

2. 别人的事情是别人自己的课题，不是你的，不需要过度担责，要学会课题分离。

第二点，集零为整。

我们每天会有非常多的琐事要处理，工作上，比如回邮件、回消息、写报告、写日志；家庭上，比如买东西、带孩子、做家务……尽量不要让这些事情占据我们每天的休息时间和空余时间，而是安排一段固定的时间去处理。这样可以避免自己陷入"时间黑洞"里面，让自己不知不觉把大量时间丢进去，忽略了更重要的事情。

另外，这也可以避免这些琐碎残留在我们的脑海中，占据我们的认知资源，让大脑后台持续不断地耗能。

所以，平时可以与需要合作的人说明你的习惯和工作节奏，想办法去找到一个双方都能够接受的平衡，避免过度迁就别人。

良好作息，让身体保持健康

最后强调一点：拥有充沛的精力和脑力，最关键的基础是什么呢？是健康的身体。如果你的健康被透支了，那么，你是绝对不可能拥有充沛的精力和清晰的思维的。因此，一定要照顾好我们的身体。

睡眠：保持每天晚上至少7.5小时（5个周期）高质量的睡眠。充分的睡眠，是让我们的大脑保持敏锐、活跃性价比最高的办法。

锻炼：世界卫生组织建议，成年人每周至少进行150至300分钟中等强度有氧运动，或75至150分钟的剧烈有氧运动。再不济，也尽量每天保持行走7000步的活动强度，这对我们身体和大脑的运转都极其有益。

饮食：保持饮食均衡，尽量使饮食多样化，兼顾肉、蛋、奶、豆类、蔬果、粗粮、海产品等食物的摄入，避免过于单一或极端的饮食方式。

祝每个人都能拥有更加健康的身体，以及在此基础上，更完善的思维与心智。

生命的意义是什么？你要找到一件"高于个体"的事情，主动地投身进去，创造价值。你为你所选择的事业而投入进去的时间和创造出来的成果，就是个体价值所在。

如何找到这样的事情？你需要调整思路：并不是先有一件事情、再被我们找到，而是我们先去行动，从行动中获得反馈，再把它升级成为我们的兴趣和事业。

在这个过程中，试着把消费转化为创造，通过创造，去发现自己内在的倾向，以及愿意为之奋斗和努力的方向。通过创造，连接更广阔的世界和更多的人，为自己"定位"。

但是，我们的时间和精力是有限的。因此，不妨通过三个问题和五个技巧，最大限度地减少各种不必要、不重要的事情对我们的牵绊，腾出更多的时间，去做对自己来说最重要的事情。

最后，张弛有度，正确的休息至关重要。不妨通过五条休息的原则，让自己保持良好的身心健康，这样才能走得更久。

写给同频者的邀请函

打下最后一行字，合上屏幕，不禁松了一口气。这本构思了好几年的书，终于有机会呈现给大家了。百感交集。

2021年中开始正式动笔，中间经历了种种波折，构思框架，完善逻辑，打磨每一句话，核对每一处引用，一次次推翻重来，直到2022年7月底才完稿，成为你现在看到的样子。也许3年后、5年后我再回过头看，会发现许多不够完善的地方，但那是那时的我，而不是现在的我。对现在的我而言，它已经是我能够做到的"最好"了。

很多读我文章的朋友，可能会以为我是一个很理性、很冷静、很"自律"的人，其实不是的。许多我写在文章里的问题，比如社交恐惧、敏感、焦虑、拖延……其实都是我自己的性格写照，也是我自己的"经验之谈"。

经常有人问我，为什么你能够把这些表现写得如此真实又入木三分？没有别的，因为这些就是我自己的感受啊，我对它们有着最真切、最鲜活的体验。正是因为自己深受困扰，才能发自内心地理解每一位有同样困扰的朋友。

从这个角度讲，学习心理学、探索心智世界，其实也是一种自我接纳、自我和解和自我修复的方式。我不敢说它完全解决了我的问题，但的确让我能够用一种更好的心态去生活和与这个世界交互。

在这几年的写作里，我一直在做一件事情：这个世界上，肯定有着许许多多的人，也曾经或正在被类似的烦恼所困扰，可能难以被身边的人理解，找不到倾诉的对象和渠道。那么，为什么不把这些人聚拢起来，让他们在这里彼此看见，互相支撑，找到理解和共鸣呢？这本书是我公众号的一个延伸，也是一次新的尝试，我想通过它，让大家彼此连接，每个人都不再是一座孤岛。

这是我写作的初衷之一，也是一直支撑着我走下来的力量。每当我收到读者的感谢和反馈，我都会非常开心，因为这意味着，我的这份事业又得到了一个人的认可。

我是一个非常内向的人，不喜欢热闹，也很少出门，除了读小说，没什么其他娱乐，闲暇时间几乎都拿来学习、写作和思考。经常有读者问我：平时有什么休闲活动？我说"读文献"。很多人不相信，但这是真的。

这种生活无聊吗？其实并不。对于一个喜欢探索和求知的人来说，思考本身就是最大的乐趣。每当我又理清了一个问题，又一次把知识点联系起来，形成一个有序的系统时，会感到一种难以言喻的成就感和快乐。这种快乐，来自我跟世界的联系又更深刻了一点，距这个世界的本质，又稍微近了那么一步。

这种感觉像什么呢？就像一个人在空中翱翔，不断往高处、更高处冲击，直到冲破风雨、雾霭和云层，蓦然看到壮丽而夺目的太阳，以及无垠宇宙里面璀璨的繁星。你能体会到一种庄严而宏大的感觉。我们在这个世界面前无比渺小，却又如此与它密不可分。

我把这种感受写到了书里，作为送给你的一封邀请函。我希望邀请你，一起去探索日常生活中种种事物与现象背后的原理，用一种更加投入的姿态去生活，打开心智的大门。

我希望，每一位同频的你，能够通过这本书被连接起来，感受到"我不是一个人"，感受到在这个庞大的世界里，还有着许多跟你一样，好奇、敏感、热爱思考、充满激情的心灵。

愿我们能成为探索心智世界路上的同行者，一起并肩行走。

如果这本书令你对心理学开始产生兴趣，想更进一步探索大脑、心智和认知的奥秘，那么，下面这些书，也许会有帮助。它们是我在这几年的阅读过程中精挑细选出来的，未必与本书内容直接相关，但一定能帮你打开一扇全新的大门。

1. 适合心理学入门学习的教材和专著

《心理学与生活》，理查德·格里格，菲利普·津巴多著。

《这才是心理学》，基思·斯坦诺维奇著。

《社会心理学》，托马斯·吉洛维奇等著。

《社会性动物》，艾略特·阿伦森，乔舒亚·阿伦森著。

《认知心理学：心智、研究与生活》，E. 布鲁斯·戈尔茨坦著。

《理性情绪》，阿尔伯特·埃利斯著。

《伯恩斯新情绪疗法》系列，戴维·伯恩斯著。

《认知神经科学：关于心智的生物学》葛詹尼加等著。

2. 本书中提到的部分经典理论的出处

（为节省篇幅，书中没有过多讲述，对此感兴趣的读者可自行进行延伸阅读）

决策的双系统模型：《不确定世界的理性选择：判断与决策心理学》，雷德·海斯蒂和罗宾·道斯著。

心流：《心流：最优体验心理学》，米哈里·契克森米哈赖著。

成长思维：《终身成长：重新定义成功的思维模型》，卡罗尔·德韦克著。

社会直觉主义：《正义之心：为什么人们总是坚持"我对你错"》，乔纳森·海特著。

福格行为模型：《福格行为模型》，B. J. 福格著。

3. 其他一些可以帮你拓宽思维尺度的书

《大问题：简明哲学导论》，罗伯特·所罗门，凯斯林·希金斯著。

《做哲学：88个思想实验中的哲学导论》，小西奥多·希克，刘易斯·沃恩著。

《语言学的邀请》，塞缪尔·早川，艾伦·早川著。

《社会学的邀请》，乔恩·威特著。

《生命与新物理学》，保罗·戴维斯著。

《时间的秩序》，卡洛·罗韦利著。

《有序：关于心智效率的认知科学》，丹尼尔·列维汀著。

《情绪》，莉莎·费德曼·巴瑞特著。

《预测算法：具身智能如何应对不确定性》，安迪·克拉克著。

最后，感谢一直给我支持和陪伴的家人，让我能够一直走下来。

感谢打开这本书的你，是你的支持和信任，赋予了这本书价值。

感谢每一位公众号的读者，是你们的鼓励和反馈，以及"孜孜不倦"的催书，让我能够把它创作出来。

感谢书中所有提到的学术界前辈和大师，谢谢你们给予的启迪和思考。

这本书能够出版，也要感谢出版人汤曼莉老师，中信出版社主编卢自强老师、与我沟通对接的策划编辑王雪老师、责任编辑蒋文云老师，以及共同参与到这本书的项目里的所有工作人员。谢谢大家的努力。

如果你有任何问题，欢迎到答疑通道与我交流，非常希望能够更好地帮助你。

第一章

Marcus E. Raichle & Debra A. Gusnard, "Appraising the brain's energy budget," Proceedings of the National Academy of Sciences, 99(16) (2002): 10237 – 10239.

Karl Friston, "The history of the future of the Bayesian brain," NeuroImage, 62(2) (Aug.2012): 1230 – 1233.

Leon Festinger and James M. Carlsmith, "Cognitive consequences of forced compliance," The journal of abnormal and social psychology, 58(2) (1959): 203.

Mauro Manassi & David Whitney, "Illusion of visual stability through active perceptual serial dependence," Science Advances, 8(2) (2022): eabk2480.

Eleanor A. Maguire, David G. Gadian, Ingrid S. Johnsrude, Catriona D. Good, John Ashburner, Richard S. J. Frackowiak and Christopher D. Frith, "Navigation-related structural change in the hippocampi of taxi drivers," Proceedings of the National Academy of Sciences, 97(8) (2000): 4398 – 4403.

Robert C. Wilson，Amitai Shenhav，Mark Straccia and Jonathan D. Cohen，"The Eighty Five Percent Rule for optimal learning," Nature Communications, 10(1)（2019）: 4646.

Kent C. Berridge，Isabel L. Venier and Terry E. Robinson，"Taste reactivity analysis of 6-hydroxydopamine induced aphagia: Implications for arousal and anhedonia hypotheses of dopamine function," Behavioral Neuroscience, 103(1)（1989）: 36 - 45.

Kent C. Berridge and Terry E. Robinson，"Liking, wanting, and the incentive sensitization theory of addiction," American Psychologist, 71(8)（2016）: 670 - 679.

J. D. Salamone，M. S. Cousins and S. Bucher，"Anhedonia or anergia? Effects of haloperidol and nucleus accumbens dopamine depletion on instrumental response selection in a T maze cost/benefit procedure," Behavioural Brain Research, 65(2)（1994）: 221 - 229.

第二章

Rachael E. Jack，Oliver G.B. Garrod and Philippe G. Schyns，"Dynamic Facial Expressions of Emotion Transmit an Evolving Hierarchy of Signals over Time," Current Biology, 24(2)（2014）: 187 - 192.

Lisa Feldman Barrett，Seven And A Half Lessons About The Brain（Mariner Books，2020）.

Tim Dalgleish，"The emotional brain," Nature Reviews Neuroscience, 5(7)（2004）: 583 - 589.

Juyoen Hur，Jason F. Smith，Kathryn A. DeYoung，Allegra S. Anderson，Jinyi Kuang，Hyung Cho Kim，Rachael M. Tillman，Manuel Kuhn，Andrew S. Fox

参考资料

and Alexander J. Shackman, "Anxiety and the Neurobiology of Temporally Uncertain Threat Anticipation," The Journal of Neuroscience, 40(41) (2020): 7949 – 7964.

TD Borkovec, Holly Hazlett-Stevens and ML Diaz, "The role of positive beliefs about worry in generalized anxiety disorder and its treatment," Clinical Psychology & Psychotherapy: An International Journal of Theory & Practice, 6(2) (1999), 126 – 138.

Jessica O'Loughlin, Francesco Casanova, Samuel E. Jones, Saskia P. Hagenaars, Robin N. Beaumont, Rachel M. Freathy, Edward R. Watkins, Céline Vetter, Martin K. Rutter, Sean W. Cain, Andrew J. K. Phillips, Daniel P. Windred, Andrew R. Wood, Michael N. Weedon and Jessica Tyrrell, "Using Mendelian Randomisation methods to understand whether diurnal preference is causally related to mental health," Molecular Psychiatry (2021).

第三章

Evan C. Carter and Michael E. McCullough, "Is ego depletion too incredible? Evidence for the overestimation of the depletion effect," Behavioral and Brain Sciences, 36(6) (2013): 683 – 684.

Evan C. Carter and Michael E. McCullough, "Publication bias and the limited strength model of self control: Has the evidence for ego depletion been overestimated," Frontiers in Psychology, 5 (2014)

Evan C. Carter, Lilly M. Kofler, Daniel E. Forster and Michael E. McCullough, "A series of meta analytic tests of the depletion effect: Self control does not seem to rely on a limited resource," Journal of Experimental Psychology: General, 144(4) (2015): 796 – 815.

Matthew A. Sanders, Steve D. Shirk, Chris J. Burgin and Leonard L. Martin,

"The Gargle Effect: Rinsing the Mouth With Glucose Enhances Self Control," Psychological Science, 23(12)（2012）: 1470 - 1472.

M. S. Hagger, et al., "A Multilab Preregistered Replication of the Ego Depletion Effect," Perspectives on Psychological Science, 11(4)（2016）: 546 - 573.

Veronika Job, Carol S. Dweck and Gregory M. Walton, "Ego Depletion—Is It All in Your Head?: Implicit Theories About Willpower Affect Self Regulation," Psychological Science, 21(11)（2010）: 1686 - 1693.

Tyler W. Watts, Greg J. Duncan and Haonan Quan, "Revisiting the Marshmallow Test: A Conceptual Replication Investigating Links Between Early Delay of Gratification and Later Outcomes," Psychological Science, 29(7)（2018）: 1159 - 1177.

第四章

M. A. Killingsworth and D. T. Gilbert, "A Wandering Mind Is an Unhappy Mind," Science, 330(6006)（2010）: 932 - 932.

Michael S. Franklin, Michael D. Mrazek, Craig L. Anderson, Jonathan Smallwood, Alan Kingstone and Jonathan W. Schooler, "The silver lining of a mind in the clouds: Interesting musings are associated with positive mood while mind wandering," Frontiers in Psychology, 4（2013）.

第六章

Yarrow Dunham, Andrew Scott Baron and Susan Carey, "Consequences of "minimal" group affiliations in children," Child Development, 82(3)（2011）: 793 - 811.

参考资料

Charles G. Lord, Lee Ross and Mark R. Lepper, "Biased assimilation and attitude polarization: The effects of prior theories on subsequently considered evidence," Journal of Personality and Social Psychology, 37(11)（1979）: 2098 - 2109.

第七章

Allen Ding Tian, Juliana Schroeder, Gerald Häubl, Jane L. Risen, Michael I. Norton and Francesca Gino, "Enacting rituals to improve self control," Journal of Personality and Social Psychology, 114(6)（2018）: 851 - 876.

Emma Threadgold, John E. Marsh, Neil McLatchie and Linden J. Ball, "Background music stints creativity: Evidence from compound remote associate tasks," Applied Cognitive Psychology, 33(5)（2019）: 873 - 888.